KRISEN — IM — MASCHINEN-& ANLAGENBAU ERFOLGREICH(ER) BEWÄLTIGEN

KRISEN
— IM —
MASCHINEN-& ANLAGENBAU ERFOLGREICH(ER) BEWÄLTIGEN

Anregungen, Erzählungen, Tipps und Hinweise aus der Praxis, für die Praxis

GERT E. LÖHMER

GL Consulting & Interim
Fritz-Saacke-Str. 19
31860 Emmerthal

Verlagslabel: Expertition.
ISBN Hardcover: 978-3-910236-00-4
ISBN E-Book: 978-3-910236-01-1
Druck und Distribution im Auftrag des Verlags:
Expertition, Holte 5, 51688 Wipperfürth

Buchbegleitung/Lektorat: Mirjam Saeger
Coverdesign: Krishna Mohan

Aus Gründen der besseren Lesbarkeit verwende ich im Buchtext meist die männliche Form. Selbstverständlich sind immer alle Geschlechter angesprochen.

INHALT

Jede Krise birgt nicht nur Gefahren, sondern auch Möglichkeiten.

Martin Luther King

Maschinen- und Anlagenbauunternehmen sind die komplexen Großsegler unter den Betrieben.

VORWORT

Ein Ruderboot oder ein Tretboot zu steuern ist für die meisten Menschen keine allzu schwierige Aufgabe. Ein Segelboot oder eine Motoryacht zu beherrschen, benötigt jedoch bereits Schulung und Übung. Erst eine theoretische und danach eine praktische Prüfung erlauben dann das Führen eines derartigen Wasserfahrzeugs.

Ein solches Boot bei schönem Wetter zu führen, ist für eine Vielzahl der Kapitäne nach einiger Übung meist keine Schwierigkeit. Wie sicher und geschickt der Kapitän schließlich das Boot auch bei einem Sturm führt, ist hingegen eine Frage der Erfahrung und des verinnerlichten Verständnisses für das „System Schiff" einschließlich des aktuellen Umfelds, in dem sich dieses System bewegt.

Die rein physischen und physikalischen Faktoren Boot und Umfeld sind bei einem Sturm durchaus vielfältig. Schiffstyp, Antriebsart, Tiefgang, Beladung, Gewichtsschwerpunkt, Krängung, Aufrichtmoment etc. sowie Wind und Windrichtung, Stärke der Strömung, Strömungsrichtung, Wellenhöhe, Wellenart, Wellenabstand, Hindernisse, Riffe und Untiefen in der Nähe und vieles mehr ist zu berücksichtigen. Das ist schon recht komplex - und jedes Schiff verhält sich anders.

Ein Dreimaster, wie beispielsweise die Gorch Fock mit ihren 23 separaten Segeln und mit hunderten von verschiedenen Tampen (Seilen) ist dann bereits schon eine andere Liga und damit ein sehr viel komplexeres und kompliziertes System. Wenn ein solcher Großsegler bei schwerem Sturm um Kap Horn schippert, ist es neben der Kenntnis des Systems darüber hinaus überlebenswichtig, die Besatzung und deren Leistungspotential zu kennen. Ebenso wichtig ist es, die gesamte Komplexität und die einzelnen Arbeitsabläufe mit deren zeitlichen Komponenten zu verstehen und richtig einzuschätzen. Eine falsche Entscheidung oder auch ein zu spät gegebenes wichtiges Kommando an eine eventuell auch noch verängstigte Crew, lässt das Schiff im Orkan – unnötigerweise - kentern und untergehen. (Wer einmal den Großstengestagniederholer statt des Obermarsaußengordings losgeworfen hat, kennt die Folgen falscher Handlungen. Für die Nichtsegler unter Ihnen: Wenn Sie im Auto Bremse und Kupplung verwechseln, wird es ebenso unschön.) Und bitte keine Sorge an dieser Stelle: Allen Nichtseglern sei versichert, dass dies kein Buch über die Seefahrt ist. Jedoch es gibt zahlreiche Parallelen - deshalb nutze ich gerne die Vergleiche zum Verständnis für die Sache.

Jemand, der zwar alle Komponenten eines komplexen Systems im Grundsatz kennt, es weitestgehend in der Theorie versteht, jedoch keine praktischen Erfahrungen in der Anwendung hat gewinnen können, wird es mit hoher Wahrscheinlichkeit nicht schaffen, dieses Schiff - egal welcher Größe und Komplexität - sicher in den nächsten Hafen zu führen. Gleiches gilt für Unternehmen in einer Krise.

Stimmen Sie mir zu, dass ein Großsegler mit deutlich höherer Wahrscheinlichkeit sein Ziel sicher erreicht, wenn der Schiffsführer ein erfahrener Kapitän ist, der einerseits die Funktionsweise des gesamten „Systems Schiff" genau kennt und dessen Komplexität versteht? Zudem muss dieser Kapitän die Gedankenwelt der Schiffsbesatzung nachvollziehen sowie deren Können und Potentiale kennen. Eine weitere Voraussetzung ist, dass er die Befähigung besitzt, die Crew durch gute Führung und mittels kluger, Vertrauen schaffender Kommunikation mit intrinsischer Motivation auszustatten, das Schiff jederzeit gut und sicher segeln zu **wollen**.

Mit diesem Wissen, mit dieser Erfahrung und mit der notwendigen Führungsbefähigung wird – im Rahmen der physikalischen Grenzen – ein solcherart geführtes Schiff auch im schlimmsten Orkan nicht untergehen. Auch bei noch so großer Schieflage wird sich das Schiff immer wieder aufrichten.

Was nun haben meine nautischen Ausführungen mit dem Maschinen- und Anlagenbau zu tun?

Maschinen- und Anlagenbauunternehmen sind die Großsegler unter den mittelständischen Betrieben. Ein Maschinenbauunternehmen ist deutlich komplexer aufgebaut als ein Möbelhändler, ein reines Dienstleistungsunternehmen oder eine Filialbäckerei. Bitte nicht falsch verstehen – jedes Unternehmen besitzt seine eigene Komplexität, so wie jede Motorjacht auch anders komplex ist. Dennoch vergleiche ich Investitionsgüterhersteller in ihrer Komplexität mit Drei- oder gar Viermastseglern mit unterschiedlichster Segelkonfiguration und die Filialbäckerei vergleiche ich eher mit einer Motorjacht.

Vieles in der Seefahrt ist beeinflussbar – nicht jedoch das Umfeld, wie Wetter, Strömung und Seegang und alle Kapitäne müssen zu jedem Zeitpunkt mit allem rechnen. Genauso verhält es sich auch in Unternehmen. Es gibt zahlreiche Faktoren, die beeinflussbar sind und doch auch viele weitere, die es mit mehr oder weniger Vorlauf zu berücksichtigen und zu bewältigen gilt.

Nun kommen wir mal wieder an Land: Ein Investitionsgüterhersteller, wie beispielsweise ein Unternehmen, welches Produktionsanlagen entwickelt und anbietet, muss zum einen die Komplexität des hochtechnischen Produktes und zum anderen die dazugehörige kundenspezifische Individualität samt der notwendigen Verfahrenstechnik beherrschen. Ein solches Unternehmen zeichnet sich aus durch Vielschichtigkeit der erforderlichen Prozesse, die vorherrschende Situation im Unternehmen und auf dem Markt, besondere Stakeholder-Strukturen sowie durch spezifische Gedankenwelt der Menschen, die mit ihm zu tun haben. **Die Gedankenwelt in einem Maschinen- und Anlagenbauunternehmen unterscheidet sich entlang der gesamten Wertschöpfungskette deutlich von der Gedankenwelt anderer Branchen.**

Diese Faktoren, wie Komplexität, Gedankenwelt und die damit verbundene differente Kommunikation und Führung, wurden nach meiner Kenntnis und nach meinem Dafürhalten in der mir bekannten Fachliteratur bisher nirgends in ausreichender Tiefe behandel.

Nicht wenige der Sanierungsgutachten und Restrukturierungskonzeptionen für Maschinen- und Anlagenbauunternehmen, die

ich in den vergangenen 28 Jahren sichten konnte, waren nach meinem Eindruck unvollständig und oberflächlich.

Rumms! Ja, das meine ich auch genauso, wie ich es hier schreibe.

Dabei liegen gerade bei dieser Art von Unternehmen so große Potentiale unter dieser Oberfläche und bleiben deshalb ungenutzt. Das muss nicht so sein und darf so nicht bleiben.

Dass in etwa 72% der Change-Projekte scheitern oder das operative sowie das betriebswirtschaftliche Ziel nicht erreichen, ist eine bekannte Größe. (Andere Studien z.B. von Havard Business oder Boston Consulting gehen von bis zu 85% aus)

Ich bin der festen Überzeugung, dass viele mittelständische Investitionsgüterunternehmen sehr viel besser aus einer Krise geführt werden können, als das momentan der Fall ist und ich es in der Vergangenheit erlebt habe. Voraussetzung ist, dass die Menschen, die sich mit Krisenbewältigung, Sanierung und Change in der Industrie beschäftigen, gewillt sind, die Besonderheiten in den Betrieben wirklich noch besser zu verstehen und tiefer zu durchdringen.

Außerdem bin ich immer wieder überrascht und durchaus genervt davon, dass im täglichen operativen Geschäft auch heute noch in vielen Unternehmen allseits bekannte und hilfreiche Regeln, Rezepte und Handlungsempfehlungen für das zielgerichtete Führen von Menschen einfach nicht praktiziert und angewendet werden. Statt eines Paddels wird nur ein Kochlöffel genutzt, um vorwärts zu rudern.

Mit welcher Geschwindigkeit und Effizienz es vorwärts geht, können Sie sich vorstellen...

Mit diesem Buch möchte ich zur Verbesserung der vorgenannten 72%-Quote beitragen in dem ich die vier Themen beschreibe, in denen nach meinem Eindruck das größte Verbesserungspotential liegt:

1. Verständnis für die Gedankenwelt der Belegschaft

2. Verständnis für komplexe Vorgänge und Produkte

3. Verständnis für die richtige Führung und

4. Aufmerksamkeit für professionelle Kommunikation

und zwar speziell bezogen auf mittelständische Maschinen- und Anlagenbauer in einer Krise mit bis zu 600+/- FTE (Full Time Employees). Größere Organisationen sind deutlich anders zu betrachten, denn Konzerne haben gänzlich andere Strukturen, Möglichkeiten und Kapazitäten, um Aktionen und Projekte durchzuführen und zugleich andere Herausforderungen und Interessen bei einer Krisenbewältigung.

Meine langjährigen praktischen Erfahrungen teile ich hier gern mit allen Leserinnen und Lesern, die dieses Thema interessieren. Sie werden in diesem Buch Erläuterungen und Beispiele, Anregungen und Tipps aus der Praxis finden. Ich beschreibe wahre Geschichten und gebe wichtige Hinweise sowie Einblicke in meine persönlichen

Orientierungshilfen zur Krisenbewältigung in mittelständischen Maschinen- und Anlagenbauunternehmen. Dabei werde ich auf einige Faktoren zur Situationsverbesserung in Unternehmen mehrfach und eindringlich eingehen. Diese Wiederholungen unterstreichen ausschließlich die wichtigen Faktoren, die zwar in der Theorie größtenteils bekannt sind, aber dennoch in der Praxis aus mir unverständlichen Gründen viel zu oft nicht umgesetzt oder gar komplett ignoriert werden. Ich möchte nicht anklagen, denn es ist durchaus nachvollziehbar, dass manche Selbstverständlichkeiten im stressigen Alltag untergehen und dadurch Potentiale ungenutzt bleiben. Selbstverständlichkeiten allerdings wieder ins Bewusstsein zu holen, ist daher eine weitere Intention dieses Buches.

Sie, werter Leser, werden nach dieser Lektüre sowohl die Gedanken und Ängste der Menschen als auch die Komplexität in diesen Unternehmen besser verstehen, um selbst schwere, akute, existenzbedrohende Unternehmenskrisen tiefgreifender bewerten und ggfs. heilen zu können.

Holen Sie mehr aus sich und den Ihnen anvertrauten Unternehmen samt deren Belegschaften heraus. Nutzen Sie die Erkenntnisse dieses Buches, um Betriebe aus ernsten Krisensituationen wieder in ruhigeres Fahrwasser, in einen sicheren Hafen und damit in eine erfolgreiche Zukunft zu führen bzw. zu begleiten. Mit dem Wissen und den Tipps aus diesem Buch einen höheren „Wirkungsgrad" bei Ihren Restrukturierungs-/Sanierungsprojekten zu erzielen – das wünsche ich mir für Sie und Ihre Mandantenunternehmen.

Meine Motivation

Der Moment, in dem die Unternehmensführung erkennt, dass eine akute Krise unabwendbar bevorsteht oder dass die existenzbedrohende Krise bereits da ist, ist eine wahre Zäsur. Das Begreifen, dass es so nicht weitergehen kann, gleicht häufig einem Schock.

Restrukturierung, Sanierung, Turnaround, Post-Merger Integration, Transformation und Transaktion, Change Management – alle diese Begrifflichkeiten stehen für Veränderungen. Veränderungen, die äußerst schmerzhaft sind und die teils dramatische Folgen für die Menschen in einem Unternehmen, für das Unternehmen selbst sowie für externe Stakeholder haben.

Krisen beinhalten jedoch eine große Chance auf eine Transformation, die für eine erfolgreiche Zukunft notwendig ist - sowohl für jeden Einzelnen als auch für das gesamte Unternehmen.

Es gibt viel gute oder gar hervorragende Fach- und Expertenliteratur, Seminare, Webinare, Kurse, Bildungsangebote zu diesem Themenkreis. Jedoch fehlen viele Erfahrungswerte aus der Restrukturierungspraxis verschiedener krisengebeutelter Unternehmen des Maschinen- und Anlagenbaus, die in diesen Bildungsangeboten nicht ausreichend behandelt werden.

Meine Beobachtung ist, dass ich nahezu alles aus der – zumindest mir bekannten - Change-Fachliteratur bestätigen kann. Allerdings komme ich zu dem Urteil, dass der Großteil der Fachinhalte zumeist auf größere Organisationen abgestimmt ist. Mittlere und kleinere Unternehmen haben nicht oder nur zum Teil die in der Change-Literatur beschriebenen erforderlichen Kapazitäten für die empfohlenen Projekte und Aktionen. Viele wichtige Aspekte sind also weder in Literatur noch in Kursen verfügbar und erlernbar – und schon gar nicht in der notwendigen Tiefe und meist ohne detailpraktische Anleitungen.

Diese Lücke möchte ich verringern. Wenn dieses Buch dazu beiträgt, dass auch nur ein einziges Unternehmen zukunftssicherer aufgestellt oder besser saniert oder gar vor einer Insolvenz gerettet werden kann, hat sich der Aufwand bereits gelohnt.

„Zeit ist Geld", heißt ein Sprichwort. Zeit und Chancen werden Sie gewinnen, wenn Sie die Tipps in diesem Buch beherzigen.

Und selbst wenn Ihr Schiff derzeit noch in ruhigem Fahrwasser ist: Viele Anregungen für Verbesserungspotential gelten auch für durchaus gute Zeiten...

EINLEITUNG

Nach meiner Zeit als Marineoffizier machte ich Anfang der 90er Jahre meine ersten Schritte in der Industrie als Vertriebs-Ingenieur bei einem KMU-Sondermaschinenbauer, dessen Restrukturierung gerade begonnen hatte. So bekam ich inmitten der Belegschaft mit, was passierte. Ich konnte beobachten, welche Projekte zur Restrukturierung angestoßen wurden, welche dieser Projekte erfolgreich waren und welche nicht. Ich erfuhr, wie die Belegschaft in den verschiedenen Unternehmensbereichen dachte, miteinander diskutierte, wer sich wie in welchen Workshops oder Meetings verhielt, wie sich Berater engagierten, wie sie agierten und wie mit externen Experten kommuniziert wurde. Es war absolut faszinierend für mich, wie stark der Unterschied zwischen dem internen offenen Wort innerhalb der Belegschaft und den offiziellen Diskussionsinhalten war. So erhielt ich bereits in den ersten Monaten als Neuling, der anfangs zur Einarbeitung durch alle Abteilungen geschickt wurde, sehr viele Eindrücke aus einer mir ganz neuen Welt. Mein Fazit: In der Bundesmarine waren Wertschätzung und Respekt sowie wesentlich klarer strukturierte Führung mit situativer Kommunikation ein Teil meines Lebens und Verhaltens geworden. Im neuen, industriellen Umfeld musste ich nun in der Praxis lernen, dass es in „der freien

Wirtschaft" wesentlich vielfältigere und selten gleichgerichtete Interessen bei den verschiedenen Beteiligten gibt, als in einer Schicksalsgemeinschaft an Bord. Zugleich fehlte mir oft Struktur, Empathie und Aufmerksamkeit bei der Kommunikation sowie der Führung von verunsicherten Belegschaften.

Aus der Beobachterrolle heraus erlaubte ich mir den ein oder anderen neunmalklugen Kommentar, wenn ich von der Geschäftsleitung angesprochen wurde. Dass ich schon damals kein Blatt vor den Mund nahm, wurde mir anfangs zwar noch als Überheblichkeit und selbstsichere Arroganz eines ehemaligen Marineoffiziers ausgelegt, jedoch mit der Zeit war meine Meinung durchaus gefragt.

Seitdem hat mich das Thema Verbesserungspotentiale und Krisenbewältigung gepackt. Es wurde zu meiner Passion, der ich nun seit über 28 Jahren folge. Ich bin immer wieder bestürzt, wie viele Potentiale für erfolgreiche Unternehmensentwicklung ungenutzt liegen gelassen werden. Die Ursachen dafür, wie Unwissen, Unwilligkeit, Bequemlichkeit und Egoismus, aber auch Narzissmus ärgern mich zutiefst.

<u>Für wen ist dieses Buch und warum:</u>

- Sanierungsberater, die Sanierungsgutachten und Restrukturierungskonzepte erstellen und Konzepte auch umsetzen bzw. die Umsetzung begleiten, werden neue Ansatzpunkte für ihre Aufgaben finden.

- Unternehmensinhaber und Geschäftsführer von mittelständischen Maschinen- und Anlagenbauern bis 600 FTE werden - durchaus bekannte – Themen, die in der stressigen Arbeitswelt etwas untergegangen sind, wieder aufgreifen und bewusster zur zukünftigen Prioritätensetzung nutzen können.

- Firmenkundenberater und Marktfolge-Verantwortliche bei Finanzunternehmen/Banken werden ein größeres Verständnis für ihre Maschinenbau-Mandanten entwickeln. Mit rein betriebswirtschaftlichen Analysen, Marketingdaten und Gutachten von Experten mit kaufmännischer Ausbildung ist meines Erachtens ein realistisches Rating nicht möglich. Eine gute Einschätzung des zukünftigen Unternehmenserfolgs sowie die Bestimmung einer ehrlichen Fortführungsprognose für einen Maschinen- und Anlagenbauer hilft allen Beteiligten.

- Private Equity-Gesellschaften, die eine Akquisition eines Maschinenbau-Unternehmens planen, gewinnen bisher unberücksichtigte Verständnisthemen vor oder während der Due Dilligence.

- Junge Führungskräfte und solche, die Führungskraft in Maschinen- und Anlagenbauunternehmen werden möchten, werden wichtige Orientierungspunkte und Verständnisaspekte gewinnen, die so kaum weder in der Theorie noch in der Praxis gelehrt werden.

- Letztlich alle, die sich dafür interessieren, wie ein Maschinenbauunternehmen „tickt" sowie Führungskräfte mit kaufmännischer Ausbildung, die sich für zukünftige Aufgaben in mittelständischen Investitionsgüterunternehmen mit hochtechnisierter Ausprägung interessieren, werden einige Erkenntnisse gewinnen, die sie sich ansonsten nur nach längerer Praxiszeit aneignen können.

Wer sollte dieses Buch nicht lesen:

Narzissten und Egomanen sowie diejenigen Berater, die per Eigendefinition „eh´ alles besser wissen".

Eine große Bitte an Erfahrungsträger – man lernt ja nie aus:

Man kann immer besser werden. Von erfahrenen Interim Geschäftsführern und CRO (Chief Restructuring Officer), die bereits mehrere Unternehmen saniert haben und/oder aus akuten Krisen geführt haben, bitte ich um Kommentare, Anmerkungen, Ergänzungen, kritische Korrekturen gern per Mail an

gert.loehmer@t-online.de

Vielen herzlichen Dank im Voraus dafür!!!

Der Mensch in der Krisis, das ist der Mensch, der seine Sache nicht mehr dem Gespräch anvertraut, weil ihm dessen Voraussetzung, das Vertrauen, verlorengegangen ist. Der Mensch wird am Du zum Ich. Der Mensch, der nicht sich meint, dem gibt man alle Schlüssel.

Dr. Martin Buber

DAS ERWARTET SIE IN DEN FOLGENDEN KAPITELN

Selbstverständlich können in diesem Buch bei weitem nicht alle Aspekte einer Erfolgsausrichtung für Unternehmen in einer Krise im Detail betrachtet werden. Dafür ist jede Organisation viel zu speziell und die Umstände und das Umfeld zu verschieden, die Faktoren zu mannigfaltig. Die ggfs. auftretenden, juristischen Belange betrachte ich nicht in diesem Buch, genauso wie auch viele andere gelehrte Techniken die anderweitig in zahlreichen Veröffentlichungen bereits thematisiert wurden.*

In diesem Buch konzentriere ich mich auf erfolgskritische Aspekte der operativen Restrukturierung, der Krisenbewältigung in der praktischen Umsetzung.

Ich schreibe hier aus der Sicht eines Interim CEO oder eines unterstützenden Beraters der Geschäftsführung.

---

* *Wer dafür beispielhaft einen guten, kompakten Leitfaden sucht, den verweise ich gern an eine Ausarbeitung der Ebner Stolz Management Consultants GmbH in Zusammenarbeit mit dem VDMA Business Advisory aus 2020.*

Mein Hauptaugenmerk richte ich in diesem Buch auf die folgenden drei Themenkreise, die nach meiner Einschätzung deutlich stärker als bislang zur erfolgreichen Krisenbewältigung herangezogen werden müssen, um die Quote für erfolgreiche Krisenbewältigung insbesondere für mittelständisch geprägte Maschinen- und Anlagenbauunternehmen signifikant zu erhöhen. Diese Schwerpunkte sind:

1. Den Menschen und seine Gedankenwelt verstehen

   „Meldung: Feuer im Schiff – es brennt im Maschinenraum! Das ist KEINE Übung!" Als Marineoffizier und Kommandant, der zahlreiche kritische Situationen erlebt hat, war es für mich überlebenswichtig, Menschen zu studieren, ihr Verhalten im Alltag, bei Routineaktionen, Stress- und Krisensituationen und auch in lebensbedrohlichen Momenten zu beobachten.

   Ob beim Bergen der Blackbox von abgestürzten Kampfflugzeugen in Nord- und Ostsee, beim Lokalisieren und anschließender Neutralisierung durch Sprengen von scharfen Seeminen vor Kuwait unter Bedrohung, beim Bergen von Leichen aus einer havarierten Fähre vor der belgischen Küste oder auch beim zuvor beschriebenen Feuer im Maschinenraum – die sofortige, detailbewusste Analyse der Situation und aufmerksamste Beobachtung der beteiligten Personen ermöglichte mir erst die richtige Führung dieser Menschen und war und ist absolute Voraussetzung, um akute Krisensituationen erfolgreich zu meistern. Das ist meine feste Überzeugung.

Menschen lassen sich dabei nicht über einen Kamm scheren: Zicken, harte Kerle, Nervensägen, Softies, Weicheier, coole Typen, Routiniers, empathische mitfühlende Zeitgenossen, umsorgende Kollegen/Innen, zerstreute Professoren...es gibt so viele Bezeichnungen für teils recht klischeebehaftete Charakteren, die dennoch keine absolute Voraussage ihres Verhaltens unter Stress garantieren.

Denn trotz aller Stereotypen: In Krisensituationen reagiert der Mensch oft anders, als zunächst erwartet. Deshalb war es für mich stets – schon aus eigenem Überlebensinteresse – sehr wichtig und hilfreich, wenn man seine „Pappenheimer" kennt und zu verstehen bemüht ist, warum sie so reagieren, wie sie nun mal reagieren. Wenn ich als Verantwortlicher zudem die Umgebung kenne, die Umstände aufmerksam betrachte und die Situation richtig bewerten kann, hilft mir das ungemein dabei, die richtige Ansprache zu finden. Nur, indem ich mir alle Faktoren und Umstände bewusst mache, die gerade vorherrschen, kann ich die richtigen Worte finden, die nötig sind, um die Menschen zu einem Denken und Handeln zu bewegen, welches aktuell, mittel- oder auch langfristig für eine Zielerreichung notwendig ist. Das gilt ganz besonders in kritischen Situationen.

Liest sich das in Ihren Augen zu dramatisch? Dann denken Sie bitte einmal darüber nach, welche entsetzlichen Gefühle und Ängste in einem Familienvater oder in einer alleinerziehenden Mutter aufkommen, wenn sie befürchten müssen, den Job zu verlieren. Bedenken Sie, welche dramatischen Konsequenzen eine solche Situation für diese Personen hat und welche teils bedrohlichen Fragen die Menschen dann quälen.

Die Konsequenzen einer solchen Situation für die eigene, meist doch gestresste Person zu bedenken, ist schon recht anstrengend. Wenn jedoch dazu auch noch die Konsequenzen für die Familie oder andere geliebte Menschen sowie das soziale Umfeld bedacht werden müssen, wird es erst recht nervenaufreibend. Jede Person geht mit einer Krise anders um. Dieser Umgang hängt von vielen persönlichen Umständen ab. Die individuelle Resilienz des Menschen ist nunmal nicht mit einer mathematischen Formel darstellbar.

Um ein Unternehmen und dessen Belegschaft aus einem Krisensturm wieder in ruhigere Gewässer zu manövrieren, ist es äußerst wichtig, die Gedanken und Ängste aller Beteiligten zu verstehen oder zumindest Verständnis dafür zu haben. Das ist die Voraussetzung, das Innere der Menschen erreichen zu können, um somit die Kraft, die Kenntnisse, die Kreativität, das notwendige Engagement und die begeisterte Motivation der Belegschaft zu wecken. Einer der beeinflussenden Faktoren auf Reaktionen und Denkmuster ist das berufliche Umfeld der Menschen. Deshalb ist es hilfreich, sich bewusst zu werden, dass sich die Gedankenwelt der Belegschaft im Maschinen- und Anlagenbau gerade in den Bereichen Vertrieb, Konstruktion, Produktion und After Sales Service beträchtlich von denen anderer Branchen unterscheidet.

2. Komplexität und Kompliziertheit

Die Vorgänge, die bei einer Unternehmenskrise zu betrachten sind, sind äußerst vielseitig und komplex. Weitaus komplexer als bei Dienstleistung und Handel stellen sich Krisensituationen im produzierenden oder verarbeitenden Unternehmen dar, denn je komplizierter das physische Produkt, umso mehrteiliger und umso komplexer sind auch die Vorgänge, die bei einer Krise zu betrachten sind.

Im Sondermaschinenbau und im Anlagenbau, insbesondere bei Herstellern von kontinuierlichen oder auch diskontinuierlichen Produktionsanlagen, wird es richtig herausfordernd. Eine technische Ausbildung oder zumindest eine große technische Affinität ist in solchen Unternehmen äußerst hilfreich, um Prozesse und Ablauf-Thematiken wahrlich zu durchdringen und Situationsverbesserungen im Unternehmen zu erarbeiten.

Im Maschinen- und Anlagenbau habe ich in den vergangenen Jahren und Jahrzehnten den Eindruck gewonnen, dass die Sanierungswelt für manche Berater und Sanierer mit rein betriebswirtschaftlicher Ausbildung zu komplex geworden ist. Was in einer theoretischen Betrachtung und rein betriebswirtschaftlich ansprechend aussieht, kann sich in der Praxis als unpassend erweisen. Zur Klarstellung: Selbstverständlich ist eine Krise ohne klare betriebswirtschaftliche Daten und kaufmännische Prozessbetrachtungen kaum zu steuern, dennoch ist die gesamte Unternehmens-Statik eines Investitionsgüterunternehmens nun mal komplett anders, als bei einem Fahrradhersteller, einem Möbelhandelsunternehmen, einer Baumarktkette oder einer Innungskrankenkasse. Wenn also ein Maschinenbauunternehmen ein neues Produkt auf hohem technischen Niveau entwickelt, konstruiert und produziert, es samt anschließender Verpackung und mittels Schwerlast- und Sonderlogistik in die ganze Welt liefert, Inbetriebnahmen durchführt , individuelle Steuerungs- und Softwarelösungen entwickelt, die erst am Aufstellungsort vollendet werden können, dazu unterschiedliche länderspezifische, gesetzliche oder kundenseitige Vorgaben mit Pönalstrafenvereinbarungen berücksichtigen muss und zusätzlich High Tech After Sales und Reklamationsbearbeitung sowie technischen 24/7-Support bei kontinuierlichen Produktionsanlagen weltweit bietet...da stoßen viele Berater (auch diejenigen aus den großen Beratungshäusern) mit den üblichen Werkzeugen an ihre Grenzen. Die Finanzpartner steigen dabei oft noch viel früher aus und machen sich recht wenig Mühe, das operative Geschäft ihrer Kunden zu verstehen.

Gerade jedoch hinter diesen Grenzen liegen oft die Lösungen, mit denen Sie ein akut notleidendes Unternehmen wirklich retten können.

Sanierungsgutachten sind da selten aussagekräftig genug und Sanierungskonzepten fehlt es an ausreichend durchdachten Konsequenzen sowie dem notwendigen Potentialverständnis hinsichtlich einzelner Sanierungsmaßnahmen. Mit diesen durchaus etablierten Instrumenten entfernt sich leider die Theorie sehr weit von einer nachhaltigen, intelligenten, wahren Lösung. Das ist zumindest meine persönliche Wahrnehmung. Mir ist bewusst, dass diese Worte bei manchen Zeitgenossen

Empörung hervorrufen wird, doch mir ist es wichtig, in diesem Buch kein Blatt vor den Mund zu nehmen, denn nur so entsteht Veränderungsbewusstsein und Veränderung selbst. Ich versichere Ihnen, dass es mir hier ausschließlich um das Gute in der Sache geht.

Ich möchte Ihnen im Folgenden Anregungen, Erläuterungen und Verständnis für einige wichtige komplexe Sanierungsaspekte geben, um erfolgsrelevante Change-Bemühungen erfolgreicher zu gestalten bzw. überhaupt erst zu ermöglichen. Selbst dann, wenn andere bereits aufgegeben haben und gar negative Fortführungsprognosen formulieren.

Ein weiterer Faktor, der unerlässlich ist, um Komplexität und Kompliziertheit zu steuern, ist die IT-Welt. Die IT-Infrastruktur MUSS funktionieren. Ansonsten tobt nicht nur ein Orkan, den es zu durchqueren gilt, sondern das schlingernde Schiff fährt zudem noch des Nachts im Dunkeln durch dichten Nebel.

3. Vertrauen, Führung und abgestimmte Ziele

Wieso ist das Vertrauen der Belegschaft, ja ALLER Stakeholder bei Change-Prozessen so wichtig? Weil Vertrauen und Motivation unabdingbar sind bei jedweder Art von Veränderungsprozessen.

Ohne Vertrauen geht nichts. Das ist inzwischen allseits und branchenübergreifend bekannt. Die allerwichtigste Voraussetzung für eine erfolgreiche und nachhaltige Umsetzung von Sanierungs-/Turnaroundkonzeptionen ist definitiv das Vertrauen der Menschen, die den Wandel umzusetzen haben - und zwar Vertrauen in die verantwortlichen Personen, Prozesse und vor allem an einen positiven Ausgang. Alles andere ist planbar, machbar, erlernbar, erarbeitbar, beeinflussbar.

In Krisensituationen geht es nicht nur um Unternehmen, Prozesse oder Zahlen. Es geht um die Menschen, die in notleidenden Unternehmen arbeiten. Menschen, die eventuell sogar wissentlich in existenzbedrohten Unternehmen arbeiten - und das eventuell bereits über eine längere Zeit. Sicher können Sie sich vorstellen, dass Menschen im Kampf- oder Fluchtmodus nicht unbedingt offen für Charts und Projektpläne sind. Insbesondere dann, wenn sie kein Vertrauen (mehr) in diejenigen Personen haben, die diese Charts erstellt haben oder "von oben herab" Projektpläne vorgeben..

Eine Krisensituation im Unternehmen bedeutet für viele dieser Menschen ein Leben in Angst. Unter dieser Angst leiden deren ganze Familie, die Freunde, das Umfeld. Das kann dramatische Folgen haben. Deshalb wähle ich stellenweise bewusst manch emotionales oder gar wertendes Adjektiv und offene Worte statt feingeistige, konziliante Wortspielereien - denn die Situation ist ernst. Sehr ernst. In Krisen gibt es keine Zeit für Geplänkel.

Ehrliche Ansprache, Ideen-Workshops, Teambuilding-Maßnahmen... alles gut und wichtig. Jedoch ohne klare Perspektive, Mut und Freude im Tun wird das Ergebnis der ganzen Anstrengungen nicht erfolgreich sein. Wenn Angst im

Hintergrund mitschwingt - und das gilt für alle Beteiligten - werden die wenigsten in der Lage sein, die Zukunft des Unternehmens optimal und mit vollem Elan voranzutreiben.

Auf die Fragen, warum die intrinsische Motivation der Belegschaft bei Turnaround-Projekten absolut notwendig ist und warum bei Change-Prozessen kein Schema „F" funktioniert, werde ich in den folgenden Kapiteln eingehen und Lösungen beschreiben.

Insbesondere wenn die Wandlung/Veränderung einer langjährigen Firmenkultur Teil des notwendigen Change-Prozesses ist, wird es doppelt herausfordernd. Warum? Auch dazu erfahren Sie mehr in den folgenden Kapiteln.

Übrigens: Sich um Vertrauen zu bemühen gilt übrigens auch in Richtung der externen Vertriebspartner, A-Lieferanten, Dienstleister und Banken. Ohne Vertrauen der Finanzpartner eine Krise zu bewältigen ist deutlich schwieriger. Irgendwann erkennen diese, dass das Kundenunternehmen ruhiges Fahrwasser verlassen hat und auf eine Krise zusteuert und dann ist häufig in der Beziehung schon ein Leck geschlagen, das oft nur noch schwer zu stopfen ist.

Krise ist ein produktiver Zustand. Man muss ihm nur den Beigeschmack der Katastrophe nehmen.

Max Frisch

DIE KRISE

Um Klarheit in jede Diskussion zu bringen, ist es für alle Beteiligten immer hilfreich, die benutzten Begriffe auch einheitlich zu definieren und zu verstehen. Deshalb, bevor wir einsteigen: Was bedeutet eigentlich Krise? Zunächst zu Herkunft und zur Bedeutung des hier verwendeten Wortes: Das Wort „Krise" aus dem griechischen „Krisis" übersetzt heißt Zuspitzung, Unsicherheit, Gefahr, Not, aber auch Entscheidung, Wendepunkt.

Im Chinesischen und im Japanischen gibt es zwei Schriftzeichen für dieses Wort. Die eine Komponente bedeutet „kritischer Zustand, Gefahr", die andere „Gelegenheit, Chance". Die Gefahrenbetonung dominiert das zusammengesetzte Hauptwort dabei deutlich. Deshalb ist Abwarten und Tee trinken IMMER falsch.

Es gibt Umstände, Situationen und Vorgänge, die sind nicht nur kritisch, sondern sie fühlen sich zudem auch schlecht an. Eine Krise gehört definitiv dazu. Eine Unternehmenskrise ist für alle Stakeholder unangenehm, bedrohlich oder gar eine persönliche Katastrophe. Manches können Sie eigenhändig direkt ändern, anderes können

Sie zumindest beeinflussen und es gibt wiederum andere Dinge, bei denen Sie überhaupt nichts machen können.

Die gute Nachricht ist: Eine Krise ist zumeist vermeidbar oder – wenn sie bereits da ist – beeinflussbar und oft heilbar. Die Heilungschancen wachsen, je früher mit der Bewältigung der Krise begonnen wird. Wer zudem verstanden hat, wie sich eine Krise in einem Unternehmen entwickeln kann, und welche Warnzeichen es gibt, hat gute Chancen, sie zu bewältigen oder gar zu vermeiden. Die beste Möglichkeit, den Sturm zu vermeiden, ist erst gar nicht hineinzusegeln.

Welche Arten von unternehmerischen Krisen gibt es?

Viele betriebswirtschaftliche Kennzahlen, Indikatoren und typische Muster helfen bei der Einschätzung, ob ein Unternehmen gesund ist, sich langsam in eine Krisensituation hineinbewegt oder gar bereits in einer bedrohlichen Situation ist. Dazu gibt es ausreichend Literatur und Lernquellen.

Betriebswirtschaftlich und operativ wird die negative Entwicklung in Richtung einer drohenden Insolvenz grob in vier Phasen eingeteilt:

1. **Strategiekrise**

   Die Betriebsergebnisse sind noch positiv, jedoch ist die Unternehmenspolitik eingefahren und statisch. Das Qualifikationslevel ist unzureichend und die Motivation der

Mitarbeiter nimmt ab. Die internen Prozesse sind detailliert festgelegt und unflexibel.

2. **Rentabilitätskrise**

Das Betriebsergebnis stagniert oder entwickelt sich sogar rückläufig. Die Ausgaben steigen überproportional in Relation zum Umsatz an. Dennoch werden trotz unzureichendem Controlling noch Gewinne erzielt.

3. **Ertragskrise**

Auftragseingang und Auftragsbestand sind rückläufig, die Umsätze sinken und das Betriebsergebnis wird negativ. Die Situation wird heruntergespielt, dabei besteht akuter

Handlungsbedarf. Die notwendigen Veränderungen und Verbesserungen sind nun immanent und unausweichlich. Jeder Tag des Abwartens ist äußerst schädlich.

4. **Liquiditätskrise**

Die Krise ist nun nicht mehr zu verstecken, Zahlungsverpflichtungen können nicht zeitgerecht und wie vertraglich vereinbart erfüllt werden. Zahlungsziele – auch bei kleineren

Beträgen – werden bis zum letzten Tag ausgenutzt. Das Rating bei Kreditgebern verschlechtert sich. Eine Rettung ist nun nur noch durch drastische, unverzügliche Eingriffe möglich. Wenn die Eigenkapitalquote unter 10 Prozent fällt, ist eine konsequente Sanierung unausweichbar.

Tipp:

Arbeiten Sie bereits spätestens in Phase 2 mit einem Controlling-Konzept und mit Zwischenbilanzen. Dies erhöht die Aussagekraft über den Ist-Zustand im Unternehmen und bei Untersuchungen. Analysieren Sie das Anlagevermögen und die Gewinn- und Verlustrechnung. Suchen Sie sich zügig und früh Unterstützung. Erfahrene Unternehmens- oder Steuerberater können Ihnen helfen, die Lage richtig einzuschätzen und Ansatzpunkte für den Weg aus der Krise zu finden

---

Es gibt in der Fachliteratur ausreichend Handlungsempfehlungen und Richtlinien für die unterschiedlichen Phasen einer Krise, jedoch Patentrezepte zur Lösung gibt es nirgends. Jede Unternehmenskrise ist anders, so wie sich auch jedes Unternehmen von anderen unterscheidet. Erschwerend kommt - nach meiner Erfahrung - oft hinzu, dass für eine schnelle Entscheidungsfindung zur Einordnung der Krisensituation notwendige betriebswirtschaftliche Daten fehlen oder erst erarbeitet werden müssen.

Allerdings lassen sich Krisenphasen sowie Krisenursachen immer mit der mehr oder weniger gleichen Herangehensweise identifizieren. Dazu mehr in den folgenden Kapiteln - doch eines vorab: Im Zweifelsfall empfehle ich jeder Unternehmensführung, umgehend externen Rat einzuholen. Sich einen Sparringspartner zum Austausch zu engagieren ist überhaupt nicht peinlich oder unnötig hinausgeworfenes Geld, sondern im Gegenteil sehr klug - und zudem immer noch günstiger, als eine zu späte Reaktion oder Fehleinschätzung. Hier ist Zeit wirklich Geld, und die Sicherheit, die Situation richtig eingeordnet zu haben, gibt Handlungsspielraum. Darauf aufbauend beginnt die operative Arbeit.

Welche operativen Auffälligkeiten sind in Krisen zu beobachten?

Die Führungskräfte in Unternehmen sind stets dem Druck unterworfen, „ihr" Unternehmen intensiv zu beobachten, angemessen zu führen und vorausschauend zu agieren. Das geht weit über einen "Job" hinaus, denn dazu sind sie sogar gesetzlich verpflichtet, was den Druck noch erhöht. Rein theoretisch dürfte es gar nicht so weit kommen, dass Ertrags- oder Liquiditätskrisen auftreten, wenn alle Verantwortlichen ihre Aufgaben umfassend wahrnehmen. Doch die Realität sieht anders aus und Krisen kommen selten überraschend (außer bei unvorhersehbaren Ereignissen, wie z.B. einer Pandemie, Krieg oder Naturkatastrophen).

Woran merken Sie nun, dass eine Krise ins Haus steht, das Unternehmen bereits in einer bedrohlichen Situation ist oder es bald in eine solche gerät? Wann ist der Zeitpunkt, ab dem Sie in den Krisenmodus schalten müssen – nicht zu spät, um Vertrauen bei Investoren, Gesellschaftern, Finanzpartnern etc. zu schwächen aber auch nicht zu früh und hektisch, um unnötigerweise alle Pferde scheu zu machen? Denn hektische Betriebsamkeit wird ebenfalls mit Vertrauensverlust honoriert und zudem mit dem Makel des Kontrollverlustes und dem Begriff der Unfähigkeit verbunden. Die Chefin und/oder der Chef haben also keinen einfachen Job.

Doch diese Personen sind nicht die einzigen, die Krisen nicht erst dann erkennen, wenn sie schon eingetreten sind. Auch für die Teile der Belegschaft, die keinen Zugang zu betriebswirtschaftlichen Daten haben kommen Krisensituationen nicht überraschend. Die Mitarbeiter riechen den Braten meist recht früh, ihnen reichen schon Kleinigkeiten aus, um misstrauisch zu werden..

Welches sind nun die operativen Auffälligkeiten bei ehemals recht erfolgreichen Unternehmen, die in schwieriges Fahrwasser kommen? Diese gehen aus betriebswirtschaftlichen Auswertungen anfangs nicht oder kaum hervor – und wenn, dann werden sie erst bei der Betrachtung über einen gewissen Zeitraum bemerkt, vorausgesetzt, das Unternehmen hat seine Zahlen überhaupt im Griff. Der Auftragseingang und dessen Planung/Vorausschau ergibt oft die ersten Anzeichen einer kritischen Entwicklung.

Es gibt zahlreiche offensichtliche Kennzahlen, Verhaltensweisen und Indizien, die eine Krise offenbaren und die von der Belegschaft nahezu immer richtig interpretiert werden. Die Menschen, insbesondere diejenigen, die schon Jahre oder Jahrzehnte im Unternehmen beschäftigt sind, sind aufmerksamer und sensibler als die Führungsetage erwartet. Ein deutliches Stocken bei den Aufträgen, geringerer Kapazitätsbedarf in der Produktion, Umsatzrückgang, Verlust von Marktanteilen, merkliche Margenreduzierung in relativ kurzen Zeiträumen, größer werdende „Flexibilität" gegenüber Kunden und schädliche Abweichungen von standardisierten Baugruppen und Komponenten bei starkem Kostendruck sind Anzeichen für den nicht-kaufmännischen Belegschaftsanteil. Das Verhalten im kaufmännischen Bereich und dessen vermehrte Abfragen wird in Pausen und "zwischendurch" hinterfragt und die Indizien verhärten sich.

Trotz Kostensensibilität steigen oftmals die Kosten sogar noch. JA, Sie lesen richtig: Statt zu sinken, steigen die Kosten oder sind wesentlich höher als kalkuliert (mit einer größeren Abweichung als in den Jahren zuvor), die Margen sinken, die Deckungsbeiträge werden schwächer. Das kann viele Ursachen haben, sei es mangelnde Produktentwicklung, unzureichendes Qualitätsmanagement, erstarkter Wettbewerb, Reputationsverlust, Marktveränderung oder Ende des Produktzyklus, personeller Aderlass oder oder oder...

In allen Maschinen- und Anlagenbauunternehmen, die ich bislang im Rahmen einer Sanierung und/oder Restrukturierung unterstützen durfte, gab es stets diese und weitere praktische Auffälligkeiten, die zwar in den Due Diligence Reports, Sanierungsgutachten und Turnaround-Konzepten dokumentiert waren, von den Autoren jedoch nur selten umfänglich operativ durchdrungen und verstanden wurden. Das große, nicht aufgedeckte Potential wird von vielen Involvierten definitiv unterschätzt.

Ob Schwächen im Einkauf, suboptimale Lagerhaltung, suboptimales ERP-System (welches zudem nicht vollends genutzt wird), ineffizienter Auftragsdurchlauf, unzureichende Auftragskommunikation, schwaches oder unzureichend gelebtes Vorschlagswesen, mangelnde Weiterbildung der Belegschaft, unklare Verantwortlichkeiten...die Liste der Makel ist lang.

Dies alles verunsichert die Belegschaft, es wird getuschelt, die Stimmung verschlechtert sich, das Misstrauen untereinander steigt, die Gerüchteküche brodelt, das böse Wort "Pleite" macht die Runde... und die Menschen beginnen zu leiden und Ängste zu entwickeln. Oh jeh, nun ist es also kritisch. Was ist nun zu tun?

Als erster Reflex in einer Krise rückt stets - von der Chefetage initiiert - das Thema Kostenbewusstsein stärker in den Aktions-Fokus. Schnelle Ergebnisse sind gefragt - und wie könnte man diese besser erzielen als durch konsequente Kostenreduktion auf allen Ebenen?

Einige von Ihnen haben dazu bestimmt schon typische, meist schlechte Beispiele erlebt oder davon gehört, wie Unternehmen recht kreative Sparanstrengungen üben, die mehr irritieren als dass sie hilfreich sind. Ich nenne hier mal beispielsweise die beliebten skurrilen „Klassiker" des Kostensparens, wie sofortige interne Verwendung von nur noch zweilagigem Billigklopapier (außer auf der Gästetoilette) oder, dass die Besprechungskekse für Kundenbesuche "mit sofortiger Wirkung im Chefsekretariat gelagert werden und dort erst nach vorheriger Bedarfsanmeldung mit Begründung abgeholt werden können".

Diese Art von Reaktionen schaden mehr, als sie helfen, weil sie Zeit, Nerven und Motivation kosten. Nach meiner Überzeugung geht die Intention, die Belegschaft mit solchen Maßnahmen zur Kostensensibilität zu erziehen, immer nach hinten los. Sie provozieren eher Unsicherheit, schlechte Laune und das Gefühl der Gängelei.

Weitere Indizien bei der Liquiditätskrise, die mir vor Mandantsantritt bekannt werden oder kurz danach oft auffallen, sind u.a.:

- Bei Unterauslastung steigen die Stückkosten in der Produktion. Gleichzeitig erhöht sich aber auch die Produktions- oder Bearbeitungszeit, denn die Arbeiter in der Halle gleichen ihre Arbeitsintensität und -geschwindigkeit der geringeren Auslastung an. Dennoch muss dies nicht mit verbesserter Qualität einhergehen – im Gegenteil.
- hohe Reklamationsrate, hohe Reklamationskosten
- die Vertriebsmannschaft zeigt sich auffallend seltener in der Produktion, jedoch öfter in der Konstruktion, als in guten Zeiten
- die Stimmung und die Kommunikation zwischen Unternehmensführung und Betriebsrat wird „sperriger", es kommt wiederholt zu kleineren Konflikten
- Investitionsstau tritt auf. Geplante, größere und sehr wichtige Investitionen sind "on hold" (das kann sogar IT-Sicherheit oder notwendige Modernisierungen betreffen), aber auch kleinere werden gestoppt/verschoben.
- die Unternehmensleitung versucht, manche Wahrheit zu verstecken. Die Kommunikation von der Führung an die Belegschaft wirkt auffällig verkrampft, die Inhalte an

den Aushängen werden unwichtiger und verwirrend, der "Flurfunk" läuft auf Hochtouren

- die Kreativität des Vertriebs wird größer durch als notwendig empfundene „Customization" von standardisierten Maschinen oder Komponenten. Dieser Mehraufwand führt zu dramatischen Auswirkungen, denn damit wird der Vertrieb zum Entwicklungstreiber. Produkte werden „nur leicht verändert" und gemäß Kundenwunsch „gebaut" , allerdings ohne Rücksicht auf die Folgen für Abläufe, Kosten oder auch nachfolgenden Aufwand
- Bei der Entwicklung wird gespart, es erfolgt keine oder nur eine halbherzige Innovation/Weiterentwicklung der Produkte. Stattdessen wird verschlimmbessert. Häufig werden alte Produkte aus der Versenkung geholt und wieder "aufgemotzt", Hauptsache, es gibt etwas vorzuzeigen.
- übertriebene Lagerbestandsminimierung, die das After Sales Geschäfts schwächt
- zu hohe Bestandsbewertung
- der Einkauf bekommt Schwierigkeiten aufgrund von Liquiditätsproblemen z.B. aufgrund von Vorauskasse-Forderungen der Lieferanten, die proaktiv ihr Ausfallrisiko minimieren wollen
- fehlende klare Verantwortlichkeiten und oftmals deren unsinnige Verschiebung zwischen Personen und/oder Abteilungen
- komplizierte Abläufe trotz bereits erfolgter Restrukturierungs- oder Verbesserungsbemühungen
- hoher Krankenstand

Eine lange Liste kommt hier zusammen. Alle diese Themen gehe ich stets zeitnah nach Mandatsantritt an. Damit konnte ich bislang „die ersten Punkte machen", insbesondere bei der zweiten Führungsebene, wichtigen Funktionsträgern und dem Betriebsrat.

Jedoch ergeben sich aus dieser langen Liste wichtige Themen und dringende Projekte, die mit dem eigenen Kapazitäten nicht zeitnah abgearbeitet werden können. Deshalb lautet meine Empfehlung an die Chefetage: Involvieren Sie externe Berater möglichst früh VOR einer akuten Liquiditätskrise, um Projekte schnellstens durchzuziehen, die mit dem eigenen Team nicht zeitnah erfüllt werden können. Der Zeitfaktor ist äußerst wichtig. Jeder ungenutzte, vergangene Tag ist nicht mehr wiederhol- oder am Ende des Projektes aufholbar. Deshalb ist verbummelte Zeit deutlich teurer, als eine zeitnahe, effektive, professionelle Beratung. Es gibt durchaus besondere, delikate, sehr dringliche Projekte und Aufgaben, die Unternehmen in Schwierigkeiten nicht mit den eigenen Mitteln und Personen zeitnah lösen können. In einem solchen Fall stelle ich mir allerdings die Frage, ob es sich das Unternehmen überhaupt leisten kann, KEINEN Experten zur Unterstützung hinzuziehen. Wichtig ist mir in solchen Fällen, dass es sich um ausgewiesene Experten mit eingehender Praxiserfahrung handelt. Entscheidend ist letzten Endes eine **zeitlich schnelle Umsetzung passender Maßnahmen**, um den Schaden für das Unternehmen möglichst klein zu halten, schnellstmöglich die erfolgversprechende Ergebnisse zu erreichen und eventuelle Haftungsrisiken zu minimieren.

Wenn es nun kritisch wird oder geworden ist, kann der Finanzpartner eine Funktionskostenanalyse oder ein kompaktes IBR (Independent Business Review) fordern.

Und jetzt wird es besonders kritisch: Wenn nun ein aussagekräftiges Sanierungsgutachten z.B. nach IDW S6 oder gemäß der rechtlichen Anforderungen des Bundesgerichtshofs (BGH) von der Finanzpartnerseite initiiert wird, ist das Unternehmen in der Regel bereits in einer bedrohlichen Situation bzw. ist diese in absehbarer Zukunft sehr wahrscheinlich. Das ist ein klares Zeichen, dass der oder die Finanzpartner einen nicht unwesentlichen Anteil des notwendigen Vertrauens in die Zukunftsfähigkeit des Unternehmens verloren haben. Darüber hinaus sind die Kreditgeber dazu gesetzlich verpflichtet, ein solches Gutachten zu fordern.

> *Praxistipp: Ich empfehle, das Reporting an die Banken, stets proaktiv zu gestalten und immer bei der Wahrheit zu bleiben. Belasten Sie die Kundenbetreuer der Banken auch nicht mit zu vielen Informationen, die sie nicht verstehen und nicht realistisch bewerten können. Das kann dann auch verwirren und Schaden anrichten. Ein guter Steuerberater kann da durchaus hilfreich sein, um die Informationen zu filtern.*

Was bedeutet es für ein Unternehmen, von dem bankenseitig ein Sanierungsgutachten gefordert wird:

1. Eine Folge ist, dass die Kreditlinien (fast) vollends genutzt werden. Der Zinssatz erhöht sich. Das bedeutet hohe Zinslast und reduziert das EBIT deutlich.

2. Die Sanierungsberater binden notwendige interne Kapazitäten und kosten viele, hohe Tagessätze.

Fazit: Ein bereits geschwächtes Unternehmen wird schneller noch schwächer.

Also deshalb mein erster und wichtigster Rat an alle Geschäftsführungen und Gesellschafter: Beauftragen Sie früh genug einen praxiserfahrenen Sanierungs- oder Krisenexperten zur Unterstützung und als Sparringspartner. Agieren Sie derart proaktiv gegenüber den Finanzpartnern, bevor Ihnen ein Sanierungs-Beratungsunternehmen "aufgezwungen" wird, welches auf Ihre Kosten für die Banken ein sehr teures Gutachten samt Sanierungskonzept erstellt, dessen Inhalt Ihnen durchaus einige neue Erkenntnisse bringt, aber selten ausreichend hilfreich in der Umsetzung der Krisenbewältigung ist.

Statusermittlung in einer Krise und Strategiegrundlagen erarbeiten in der Praxis - Tipps für Berater und CRO und für alle, die es werden wollen

Dazu erstelle ich mir bei jedem Unternehmen, das ich betrachten darf, meine eigene kleine "Diskriminanzanalyse im Bankensinne", eine Art „Quick-Check" auf Basis meiner Erfahrungswerte. Dabei betrachte ich zunächst Folgendes:

- Gesellschaftsform und Gesellschafterstruktur
- IT-Landschaft
- Produkt- und Marketingdaten

- Eigenkapital
- Netto-Buchwert
- Struktur und Größenordnung der Verbindlichkeiten
- Kontenstände und freie Finanzlinien
- Kostenstruktur in Abhängigkeit der Fertigungstiefe, Materialanteil etc.
- Umsatzanteil des After Sales mit Ersatzteilgeschäft und Margenverteilung
- Analyse Lagerhaltung
- Liquiditätsplanung für sechs Monate und für 18 Monate. Dabei checke ich die Plausibilität durch Betrachtung des Auftragsbestandes, des After Sales und Ersatzteilgeschäfts, der Lieferantenforderungen und anderer Kosten
- Vertriebsliste über die einzelnen Projekte und deren Erfolgseinschätzung mit Auftragswahrscheinlichkeit in den nächsten sechs bis zwölf Monaten
- Reklamationskosten und deren Zusammensetzung
- Nachkalkulationen von den zwei letzten, "typischen" profitabel abgeschlossenen Aufträgen sowie der letzten beiden Aufträge, die weniger erfolgreich mit unzureichendem Deckungsbeitrag abgeschlossen wurden. Dazu lese ich die Inbetriebnahme-Protokolle und Serviceberichte. Die Sichtung der Unterlagen des aktuellen Auftragsbestandes ist dazu stets sehr aufschlussreich.

Im Rahmen dieser ersten Datenanalyse, der damit einhergehenden Gespräche und der währenddessen gewonnenen Eindrücke verraten mir dann auch meine Sinne, wie das Unternehmen „tickt". Somit habe ich meist schon nach kurzer Zeit eine schon recht gute Vorstellung, wie es um das Unternehmen bestellt ist.

Nach Gesprächen mit einzelnen Führungskräften, Schlüsselpersonen (Service-Ingenieure, Konstruktion, F&E, Vertrieb), Kunden und Schlüssellieferanten entstehen schließlich verschiedene Strategie-Grundformen, um die Krisenbewältigung zu erreichen, wie z.B. die,

- die am schnellsten das Ziel erreicht oder
- die mit den geringsten Widerständen oder
- die am wenigsten finanzielle Mittel benötigt, oder
- die mit dem geringsten Projektaufwand/Energiebedarf auskommt oder weitere

In Abhängigkeit der äußeren Umstände und Vorgaben erarbeite ich daraus eine ausgewogene Strategie, die alle Aspekte berücksichtigt und die am erfolgversprechendsten ist. Eine grobe Vorplanung des zeitlichen Rahmens leitet sich dann ebenfalls daraus ab. Natürlich ist immer die schnellste Lösung mit den geringsten finanziellen Mitteln gewünscht. Allerdings ist eine Sanierung nicht nur eine Frage des Überlebens, sondern auch des mittelfristigen Erfolgs und positiver langfristiger Perspektiven. Ansonsten verzögere ich nur den Untergang.

Allerdings gibt es eine Ausnahme: Bei einer zeitkritischen Not-Sanierung verhält es sich anders. Hierbei führe ich innerhalb von ein bis zwei Tagen oder auch nur innerhalb von wenigen Stunden einen „Quick-Check light" durch, um eine Lösung zu finden, den

Betrieb aufrechtzuerhalten. Situationsbedingt und individuell, je nachdem, welche Informationen zur Verfügung stehen, ergibt sich daraus dann der Zeitrahmen für eine eingehendere Informations- und Datenaufnahme.

> *Übrigens: Ich benötige keine Gesamtstrategie, um die Quick Win-Potentiale zu heben. Diese gehe ich immer sofort an, sobald sie für mich sichtbar werden, gern bereits am ersten Tag. Ich brauche schnell erste Erfolge und Perspektiven, um weitere Erfolge anzustoßen. Nicht für mich und mein Ego, sondern für das Unternehmen - das vergessen häufig involvierte Personen, die zu einem Unternehmen in der Krise gerufen werden.*

Im weiteren Verlauf der Krisenbewältigung beachte ich auch immer die richtige Reihenfolge der Projekte auf dem Weg zum erfolgreichen Abschluss, auf dem Weg zum großen Ziel.

Nach meiner Beobachtung werden manche Projekte in der Krise oft zur falschen Zeit und/oder in der falschen Reihenfolge angestoßen. Viele Interim-Geschäftsführer werden sicherlich zustimmen bei folgenden Grundsätzen:

1. ABC-Analyse und Pareto etc. ist am Anfang einer Krisenbewältigung immer unsinnig – stattdessen heißt es zügig, mit Menschenverstand und konsequent zu agieren.

2. Die Einführung eines neuen ERP-Systems ggfs. erst dann definieren und umsetzen, wenn die neuen Prozesse bestimmt und definiert sind. Zunächst die Bestandskonstruktion

bereinigen, die Lagerhaltung optimieren und erst dann die entsprechenden Daten erfassen und Module integrieren. Neuentwicklungen sind jedoch im neuen System abzubilden.

3. Produktion: 5S IMMER ERST ZUM SCHLUSS – sonst fasst man Vieles mehrfach an.

4. Produktion: SMED verschlechtert die Durchlaufzeit, wenn zu früh angesetzt wird und darf deshalb erst zum Schluss umgesetzt werden.

Hier nun ein Appell an die Gesellschafter, wenn eine Krise erkannt, deren Schwere abgeschätzt werden kann und nun die Krisenbewältigung ansteht:

Ein professionelles Reporting ist definitiv notwendig, das Informationsbedürfnis absolut berechtigt und verständlich. Dennoch appelliere ich an das Verständnis der Gesellschafter, dass das Reporting in der ersten Zeit der Krisenbewältigung möglichst „schmal" gehalten wird. Selbstverständlich konzentriere ich mich während meiner Einsätze auf die wichtigsten Kennzahlen und Vorgänge sowie Grundlagen zur Vorbereitung von Gesellschafter-Entscheidungen. Wenn jedoch das Reporting und dessen Vorbereitung mehr als 10% meiner Kapazität und derer des Führungsteams fordert, empfinde ich das in einer akuten Krise als nicht hilfreich. Niemandem helfen umfangreiche Excel-Tabellen oder Dutzende von bunten Diagrammen. Diese sind notwendig, sicherlich, doch alles zur rechten Zeit. Auch hier hilft immer ein offener, professioneller Austausch aller Beteiligten. Was ist unbedingt erforderlich? Was kann warten? Wie genau müssen die Zahlen sein?

Fazit: Bereits die ersten Anzeichen einer Krise sind ernst zu nehmen und es ist umgehend und konsequent zu handeln.

Angst ist der Zerstörer der Träume und der Killer der Ambitionen.

Jeffrey Benjamin

ANGST UND WIDERSTÄNDE IN DER KRISE

Das Wort „**Angst**" leitet sich aus dem griechischen Verb „agchein" und dem lateinischen „angere" ab. Beides heißt übersetzt „die Kehle zuschnüren" oder „beklemmen".

Diese Worte liefern eine gute Beschreibung dessen, was dieses Gefühl auslösen kann: eine emotionale Beklemmung, die eine Person in ihrer Handlungsweise hemmt. Negative Emotionen beeinflussen unser logisches Denken. Auf Dauer belastet Angst die Psyche eines Menschen dramatisch.

Unterschätzen Sie bitte deshalb nie die Angst der Menschen. Sie kennen alle den afrikanischen Aphorismus von Rainer Werner Fassbinder: „Angst essen Seele auf."

Und ja, so ist es. Das ist wahrlich nicht übertrieben..

Angst im Unternehmen schädigt das Betriebsklima. Wenn sich Ängste im Arbeitsumfeld dauerhaft etablieren, entstehen Misstrauen und Selbstzweifel. Eine solche Angstkulisse verhindert eine offene Unternehmenskultur und stört die Kommunikation erheblich. Das führt nicht nur dazu, dass Probleme verdrängt oder verschwiegen werden, sondern fördert zudem eine allgemeine Unsicherheit und Mobbing.

Deshalb ist die Angst schon zu Beginn der Krisenbewältigung zu berücksichtigen. Ein Veränderungsprozess muss von Anfang an gut geplant sein und auch entsprechend nachdrücklich konsequent umgesetzt werden. Nach Ziel- und Planerstellung ist zunächst die rationale Einsicht über die Notwendigkeit einer Veränderung und die emotionale Akzeptanz in der Belegschaft erforderlich und ihr zugleich eine Perspektive aufzuzeigen. Schon daran hapert es oft bei Change-Prozessen, sei es aus Zeitdruck oder Bequemlichkeit oder Ignoranz bis zur Arroganz.

Es ist offensichtlich, dass die Angst vor Veränderungen oder gar davor, den Job zu verlieren, nachvollziehbar Stress provoziert. Dieser Stress, diese Angst ist in Abhängigkeit der Lebensumstände und der persönlichen Resilienz jedes Einzelnen mehr oder weniger intensiv ausgeprägt.

Selbstverständlich dürfen sich Sanierer nicht ausschließlich von diesen Ängsten der Belegschaft beeinflussen lassen. Ich schreibe bewusst „nicht ausschließlich", doch ich rate stets zur Selbstreflektion, inwiefern man in Gesprächen, in seiner Wortwahl Respekt hat walten lassen. Und zwar nicht nur gegenüber allen beteiligten Personen sondern auch in der Art und Weise der Kommunikation. Die meisten Berater und Interim Manager kennen und verstehen diese Ängste nicht aus eigener Erfahrung. Sie selbst hatten nie diese existenzielle Angst, den Job zu verlieren und vor dem Nichts zu stehen. Das ist der Grund, warum ich im Folgenden den ein oder anderen Exkurs in die Gefühlswelt einiger Belegschaftsteile beschreibe. Mit einem besseren, bewussteren Verständnis für diese Ängste können Berater und Interim Manager wertschätzender kommunizieren und somit bessere Ergebnisse erzielen. Davon bin ich fest überzeugt. Versuchen Sie es bei nächster Gelegenheit.

Wie sieht es denn nun im wahren Leben mit Ängsten aus? Zunächst werden die Führungskräfte informiert und angewiesen, wie es weitergehen soll (sie wurden also informiert, nicht überzeugt), die ersten Maßnahmen werden bereits initiiert und die Belegschaft wird grob darüber informiert, dass schmerzhafte Veränderungen im Unternehmen notwendig sind. Bereits vorherrschende Ängste werden durch diese Vorgehensweise bestätigt und gar verstärkt, da nun der Zeitpunkt näher rückt, an dem eine eventuell negative, folgenreiche Entscheidung gefällt wird. Da die Menschen nun zwar Gewissheit haben, dass schmerzhafte Veränderungen erfolgen, sie jedoch noch nicht genau abschätzen können, was das genau für sie persönlich bedeutet und sie zudem nicht wissen, ob sie mitgestalten werden oder alles über ihre Köpfe hinweg entschieden wird, kommt es zu Unsicherheiten. Dann passiert wieder etwas mit den Menschen im Betrieb. Der Puls steigt parallel zum Adrenalinspiegel, die "Haut wird dünner".

Stellen Sie sich doch nun mal vor, welche Gefühlslage nach einer intransparenten Belegschaftsversammlung in den Menschen hochkommt, die den Eindruck gewinnen müssen, dass nur der Chef und die Berater wissen, wie es weitergeht. Es werden harte Einschnitte und schmerzhafte Entscheidungen angekündigt. Politisierte, laute

Gegenpositionen eines Gewerkschaftsvertreters bei der nächsten Betriebsversammlung verbessern die Gefühlslage der Belegschaft ebenfalls nicht unbedingt zum Förderlichen.

Aber nochmal kurz zurück: Dass da etwas nicht stimmt im Unternehmen, ist der Belegschaft bewusst; dass Unangenehmes passieren wird, erwarten die meisten Mitarbeiter bereits seit einiger Zeit. Gerüchte und Unsicherheit machen die Runde, und das nicht erst seit gestern. Der Mangel an Aufträgen bleibt nicht geheim. Der Familienvater, der noch 20 Jahre an seiner Eigentumswohnung abbezahlen muss, die er vor Jahren gekauft hat, als das Unternehmen aufstrebenden Erfolg genoss, überlegt bereits: Wie sage ich es meinen Lieben? Wie wird meine Frau und Mutter von drei Kindern reagieren? Der Urlaub fällt erstmal aus, beim Hobby wird kürzer getreten und die Anschaffung des neuen energiesparenden Kühlschranks wird ausgesetzt. Unschön zwar, doch auszuhalten. Was denkt die alleinerziehende Mutter? Mit welchen Konsequenzen, welche Folgen wird ein Jobverlust mit sich bringen? Welche Auswirkungen wird dies haben? Was kommt zukünftig auf ihr Leben und auf das Leben ihrer Kinder zu, wenn sie den Job verliert und so schnell keine neue Arbeit bekommt? All das kann passieren, muss aber nicht - doch Unsicherheit und Angst lähmen.

Jeder dieser Menschen hat völligen Respekt und einen fairen, ehrlichen Umgang verdient – auch wenn die Angst nicht vollständig genommen und Unannehmlichkeiten sowie Schmerz nicht komplett vermieden werden können.

Allerdings ist Verständnis unabdingbar. Um also zu verstehen, warum manche Menschen so reagieren, wie sie nun mal reagieren, betrachten wir mal einige Personen beispielhaft in einem Unternehmen, welches seit einigen Monaten auf eine Liquiditätskrise zusteuert. Die Situation: Dieses Unternehmen soll mit Zeit- und Budgetdruck restrukturiert werden. Externe Berater sind zuvor durch alle Abteilungen gelaufen, haben wichtig nickend die Unternehmenssituation begutachtet und wissende Gesichter gemacht - ein Verhalten, was selten der Angstbewältigung dienlich ist.

Was geht nun in den Köpfen der Mitarbeiter vor? Was macht die Angst mit den Menschen? Machen Sie sich bitte immer wieder bewusst, welchen Rucksack voller Angst und Druck die Belegschaft jedes Mal nach Feierabend in die Privatsphäre mitschleppt!

Also lassen Sie uns zur Verdeutlichung in die Gedankenwelt verschiedener Abteilungen eintauchen.

Angst der Vertriebs-Ingenieure/technischen Verkäufer/ Key Accounter/Sales Manager

Ich möchte hier bewusst eine Lanze für die Vertriebsmitarbeiter brechen.

Wenn ein PKW-Verkäufer hunderte von Aufträgen pro Jahr erarbeitet und dabei den ein oder anderen Auftrag nicht erhält, ist das für ihn nicht schön, jedoch nicht dramatisch. Ein Vertriebsingenieur, der allerdings für zwei oder drei große Abschlüsse im Jahr ackert, bereitet der einzelne, finale Nicht-Abschluss seelische und körperliche Schmerzen. Schmerzen, auf die er mental vorbereitet ist, in Abhängigkeit der Gründe für den Nicht-Erfolg. Die Qualität der Qualen ist dabei deutlich anders als beim zuvor erwähnten PKW-Verkäufer.

Ja, im Investitionsgüter-Vertrieb wird gelitten und zwar außerordentlich. Die hochqualifizierten technischen Projektverkäufer werden zwar gut bezahlt, jedoch ist ihr Gehalt oft mit einem nicht unerheblichen Anteil variabel und somit erfolgsabhängig gestaltet. Sie werden also an den Aufträgen und deren Qualität für das Unternehmen gemessen. Ihr Ansehen, ihre Reputation und ihr Selbstwertgefühl hängen von Auftragserfolgen ab. Und der Unternehmenserfolg wiederum hängt von ihren Verkäufen ab. Das ist ihnen absolut bewusst.

Gute Sales Engineers sind selbstbewusst und erfolgreich solange sie vom angebotenen Portfolio selbst überzeugt – oder besser – begeistert sind und: keine Angst haben.

Wenn der Erfolg nun mehr und mehr ausbleibt, werden sie unsicher. Jeder Einkäufer kann unsichere Verkäufer zehn Meilen gegen den Wind riechen und nutzt dies brutal aus. Dazu kommt, dass sich unsichere Verkäufer in schlechten Zeiten mehr als sonst für die Firma verantwortlich fühlen, weil Ihnen bewusst ist, dass das Wohl und Weh der Firma von ihrem Verkaufserfolg, von ihrer Auftragsgenerierung abhängt.

Diejenigen, die sich in guten Zeiten überall einmischen, kluge Reden schwingen, bei der Produktentwicklung mitreden, der Produktion auf die Nerven gehen können und sich manchmal wie kleine Königinnen bzw. Könige aufführen...zumindest in guten Zeiten, also solange sie erfolgreich sind. Diese Art von Mensch, die in guten Zeiten weit oben fliegt, ist allerdings bei Misserfolg so verletzlich wie ein sensibles Rennpferd.

Demzufolge fühlen sich diese Mitarbeiter in schlechten Zeiten mitverantwortlich für den Misserfolg der gesamten Firma. Sie geben das nicht offen zu, aber sie leiden derart intensiv, wie es sich der Rest der Belegschaft nicht vorstellen kann. In all meinen Mandaten konnte ich immer die gleiche Beobachtung machen: Der Vertriebsbereich hat während einer Absatzkrise den größten gesamtheitlichen und auch individuellen Gesprächsbedarf im Vergleich zu allen anderen Geschäftsbereichen Ausbleibender Vertriebserfolg und anhaltende, intensive, schmerzhafte Reklamationskorrespondenz mit den Kunden setzen technischen Vertrieblern mental extrem zu.

Investitionsgüterentscheidungen sind nachweislich nie „nur" rational, sondern erfolgen immer auch mit einem nicht-rationalen Anteil, der sich aus dem Vertrauen in den Anlagenlieferanten bildet. Vertrauen, welches durch die Beziehung zum Verkäufer aufgebaut wird. Wenn Verkäufer merken, dass dieses für den Erfolg so überaus wichtige Vertrauen abstirbt und die eigene Überzeugung in das Produkt, das sie anbieten verlieren, ist dies eine brutale Verletzung ihres Selbstwertgefühls und sie beginnen „im Kopf zu bluten". Wenn ihr Tagesablauf durch Reklamationsgespräche bestimmt wird, Termine für Reparaturen wiederholt verschoben werden oder Service-Maßnahmen nicht erfolgreich sind und sie merken, dass das Vertrauen der Kunden in sie selbst schwindet – dann schwindet auch dieses eigene, ach so wichtige Selbstwertgefühl. Das liest sich dramatisch – und das ist es auch. Nur die wenigsten Vertriebler geben dies zu und meist versuchen sie, die Situation zu überspielen.

Dass sie Teil des Problems sind, erahnen die Sales Engineers unbewusst recht früh, bewusst wird ihnen das erst später - aber dann mit Wucht!

Betrachten wir doch mal genau, was vor oder mit einer Absatzkrise passiert: Im Sondermaschinen- und Anlagenbau ist vieles standardisiert und modular aufgebaut. Mit möglichst geringem Aufwand müssen die vorhandenen Module und Komponenten an kundenspezifische Bedürfnisse angepasst werden können.

Wenn nun das aktuelle Produktportfolio nicht mehr ausgiebig in den Markt gebracht werden kann - ohne dass es an mangelnder Nachfrage im Markt insgesamt liegt - ist eine der Folgen das Betreten von vertrieblichen „No Go-Areas“. In dem Moment, wo ich als verantwortlicher Vertriebler merke, dass ich im Vertriebsprozess flexibler beim Produkt werden muss, um einen Vertriebserfolg überhaupt möglich zu machen, wird das bereits bestehende Kostenproblem noch größer und das Reklamationspotential steigt - wie das nachfolgende Beispiel anschaulich zeigt:

Stellen Sie sich vor, Sie sind Sales Engineer in einem mittelständischen Maschinenbauunternehmen mit hoher Exportquote mitten in einer schweren Absatzkrise. Die Liquiditätskrise ist bereits in Sicht.

Eine technisch sehr anspruchsvolle neue Produktionsanlage ist vom Kunden projektiert, spezifiziert und auf sein spezielles Produkt hin individuell konstruiert worden. Stellen Sie sich weiter vor, Sie befinden sich nach vielen Monaten verkäuferischem Engagement nunmehr im finalen Verkaufsprozess für diese spezielle Maschine oder Anlage.

Nur zwei, drei Anbieter sind noch im Rennen. Ihre High-Tech-Maschine ist in der engeren Wahl. Der Preis ist (natürlich) nach Kundenaussage immer noch zu hoch, aber nicht mehr weit entfernt von seinem Investitionsbudget (wer´s glaubt...)

Monatelang haben Sie sich als unser Vertriebsverantwortlicher mit Aufmerksamkeit und Charme, mit Fleiß und Ihrem gesamten Erfahrungsschatz und Ihren technischen Kenntnissen um diesen Auftrag bemüht. Sie haben sich manche Nacht um die Ohren geschlagen, sind viel gereist.

Sie haben viele Gespräche mit den technischen Kollegen aus anderen Abteilungen geführt, wie auch mit dem Controlling sowie dem Einkauf, weil der Kunde u.a. eine bestimmte, amerikanische Steuerung mit japanischen Servomotoren und französischer Sensorik spezifiziert hat. (O.k., ist nicht sehr realistisch aber im Beispiel erlaubt.) In den ganzen Monaten hat des Öfteren der Einkauf nachgehakt, wann der Auftrag endlich vergeben wird, weil die Lieferanten ebenfalls nachfragen, wie es um ihre Angebote bestellt ist. Der Druck steigt - von Minute zu Minute - und zwar von allen Seiten. Sie haben sich mit Herzblut, mit Haut und Haaren aufgerieben, Sie sind durch die Welt gereist, haben Messen mitgestaltet, spätabends mit Südamerika und frühmorgens mit Asien telefoniert, an Wochenenden Unterlagen und

Spezifikationsänderungen an Angebotsaktualisierungen gearbeitet, um endlich den Auftrag zu gewinnen.

Sie haben sich spezifische Produktkenntnisse des Kundenportfolios in Eigeninitiative und Selbststudium angeeignet. Der Kunde schätzt Sie sehr, muss jedoch – selbstverständlich - im Interesse seines eigenen Unternehmens Entscheidungen treffen. Soweit, so bekannt und bewusst.

Nun soll endlich nach all der Mühe und den anstrengenden Verkaufsbemühungen ein Erfolgserlebnis für Sie und somit für die ganze Firma gelingen, um eine Krise zu lindern.

Die Qualität des Verkaufspreises ist bereits unterhalb der Schmerzgrenze, aber die Firma braucht den Auftrag. Die Profitmarge ist zwar weg und das Unternehmen geht unter die Selbstkosten, aber jeder Deckungsbeitrag ist besser als nichts. Außerdem müssen Mitarbeiter bezahlt und das Unternehmen am Laufen gehalten werden. Bei Erfolg werden Sie eine Art Heldenstatus erlangen können. Und bei Misserfolg geht Ihre Firma den Bach runter...über dieses Szenario mögen Sie als positiv denkender Mensch allerdings gar nicht nachdenken.

Mit dieser Bürde gehen Sie nun also als Sales Engineer, Area Sales Manager oder Key Account Manager ggfs. samt Vertriebsleiter in die finalen Verhandlungen.

Sie sind bestens vorbereitet, kennen den möglichen Kunden wie Ihre Westentasche, wissen wie er oder sie tickt, kennen das Marktumfeld des Kunden. Sie wissen um den Wettbewerb und dessen Produkte, Stärken und Schwächen.

Der Kunde nutzt nochmals die Situation, um den Preis weiter zu drücken und konfrontiert sie kurz vor der finalen Kaufentscheidung mit folgender Fragestellung:

Ihre Maschine hat einen wichtigen Funktionsauslöser (z.B. einen Notaus-Knopf) standardmäßig immer rechts oberhalb der Arbeitsebene. Nun möchte der Wettbewerb Sie ausstechen und bietet dem Kunden OHNE MEHRPREIS an, einen zweiten Notaus-Schalter auch für Linkshänder auf der linken Seite zu platzieren. Der Kunde erkennt durch diesen zweiten Schalter einen Mehrwert für sich und fordert diese Lösung nun auch kostenneutral von Ihrer Maschine – sonst ist der Auftrag futsch.

Ihre Reaktion: Auch Sie inkludieren kurzerhand den zweiten Schalter in Ihr Angebot. Kann ja nicht soooo viel kosten, und wegen eines Schalters den möglichen Auftrag zu verlieren wäre ja töricht, und nun:

Sie erhalten den Auftrag!!!! Tschakka!!!

Endlich, es hat geklappt. Alle freuen sich und Sie sind motiviert, alles zu tun, um die Erwartungen des Kunden mindestens zu erfüllen, möglichst gar zu übertreffen. Mit Lieferverzug und Reklamationen wollen Sie sich nicht mehr beschäftigen. Da der Auftragsbestand unterdurchschnittlich ist, hoffen Sie nur das Beste für die firmeninterne Auftragsabwicklung sowie auf das positive Zeichen für andere potentielle Kunden aufgrund der neuen Referenz, auf das Lob vom Chef, das Schulterklopfen der Kollegen. Das ist Balsam für Ihre Seele. Die Mühe hat sich gelohnt.

Allerdings erwartet sie auch Kritik der Auftragskonstruktion. „Wie jetzt, wieso Kritik? Wegen eines zusätzlichen Schalters?" wird sich jetzt mancher Leser fragen.

Antwort: Ja, verständlicherweise.

Warum denn das? Was bedeuten denn die paar kleinen Änderungen an der bewährten Bestandskonstruktion?

Der Materialwert für den zusätzlichen Schalter samt Ansteuerung, Verkabelung, Verschraubung etc. ist nicht allzu groß. Allerdings sind hier als zusätzlicher Aufwand (Arbeit und Kosten) anzuführen u.a.:

- Änderung/Anpassung der betroffenen Konstruktionszeichnungen
- Änderung/Anpassung der betroffenen Stromlaufpläne
- Änderung/Anpassung der betroffenen Kabelpläne
- Änderung/Anpassung der Stückliste (inklusive z.B. der zusätzlichen Sicherheitszeichenaufkleber etc.)
- Änderung/Anpassung der betroffenen Steuerung für ein zusätzliches sicherheitsrelevantes Bauteil
- Änderung/Anpassung der Dokumentation, Bedienungsanleitung, Sicherheitsdokumentation u.v.m.

Ok, das Beispiel scheint sehr profan – die Realität ist noch wesentlich komplexer. Da geht es nicht „nur" um einen Schalter - das garantiere ich Ihnen.

Ich hoffe, ich konnte Ihnen hiermit kurz aufzeigen, was in den Köpfen passiert und welche Ausmaße scheinbar kleine Veränderungen an einer Bestandsrekonstruktion haben können.

Bitte haben Sie das im Hinterkopf, wenn Sie mit der technischen Vertriebsabteilung Gespräche führen.

Ein weiterer Aspekt ist ebenfalls nicht zu unterschätzen: Die externe, weltweite Vertriebsorganisation. Seien es Vertriebs- und Serviceniederlassungen oder externe Handelsvertretungen – Denken Sie auch immer an deren Motivation. Vertriebsanstrengungen kosten auch sie ein Heidengeld und Aufwand. Gerade Handelsvertretungen haben oft ein langes, gutes Verhältnis sowohl zu Ihrem Vertrieb als auch zu den Kunden. Allerdings muss sich ihr Engagement rechnen. Wenn sich mehrmals die Aufwendungen nicht ausgezahlt haben, konzentrieren sich diese Vertretungen auf andere Produkte. Erfolgserlebnisse sind deshalb immer auch wichtig für weitere Mühen und Aufwendungen, die ja von den Vertretungen in Vorleistung erbracht werden müssen. Insofern bedenken Sie insbesondere in Absatzkrisen die Intention der Vertriebspartner. Dazu später mehr.

Angst der Experten

Ein Experte oder eine Fachkraft in einem recht breiten Altersbereich bekommt oft und schnell wieder eine neue Anstellung, sei es beim Wettbewerb oder anderweitig. Gute Leute und Experten werden fast immer und mehrfach vom Wettbewerb angesprochen und zwar nicht nur auf Messen oder Fachkongressen, sondern auch immer mehr online. Der klassische Anruf vom "Headhunter" kann mittlerweile auf zahlreichen Wegen stattfinden, sodass diese Personen oft stetig mit Wechselangeboten konfrontiert werden.

Diese Menschen wissen zumeist auch, wie wichtig sie für das Unternehmen sind. Die über viele Jahre und Projekte hinweg erworbene Wertschätzung von Vorgesetzten und Kollegen setzen sie allerdings ungern aufs Spiel, wie auch ihr gesamtes soziales Umfeld. Deshalb wechseln sie - auch bei tollen alternativen Jobangeboten - nur dann, wenn Sie sich im aktuellen Unternehmen nicht mehr wohlfühlen. Also: Sorgen Sie dafür, dass das „Schlüsselpersonal" respektiert und geschätzt wird und sich wohlfühlt. Dazu mehr in einem späteren Kapitel.

Angst der zweiten Führungsebene und des mittleren Managements

Ähnlich intensiv wie der Vertrieb leiden die Führungskräfte der zweiten Führungsebene, denn häufig haben sie das Dilemma mit zu verantworten. Sie wissen, dass ihnen in den Kaffeepausen ein gehöriges Maß an Schuld angeredet wird, weil sie Teil des Problems sein sollen. Sie sind Teil des Fischkopfes, der ja bekanntlich an diesem Körperteil zu stinken beginnt.

Zugleich steht den Führungskräften ein wesentliches Stück an Verantwortung zu, um einen Veränderungsprozess erfolgreich durchführen zu können. Die Führungskräfte sind einerseits Motoren, welche den Veränderungsprozess vorantreiben. Zugleich sind sie jedoch auch die Schnittstelle zwischen den Mitarbeitern und der Unternehmensführung. Ihre Aufgabe besteht also nicht nur darin, die Veränderungen umzusetzen und zu koordinieren, sondern auch darin, frühzeitig zu erkennen, welche notwendigen Veränderungen nicht möglich sind, z. B. weil dafür zunächst neue Organisationsstrukturen geschaffen werden müssten oder weil wichtige Voraussetzungen fehlen.

Allerdings sind manche dieser Führungskräfte auch oft selbst Teil des Problems und nicht unbedingt auch Teil der Lösung und müssen ausgetauscht werden. Soweit der rein "sachliche" Teil. Doch es geht mir um den Menschen - welche Ängste trägt eine solche Kraft also mit sich? Wie können sie diese berücksichtigen? Es ist ja schädlich und dumm, eine erfahrene mittlere Führungskraft auszutauschen, obwohl es möglich ist, sie wieder auf den richtigen Pfad zu führen, z.B. indem sie eine Zeit lang enger geführt oder "nur" eine Zeit lang intensiver gecoacht werden oder ihnen ihre Ängste genommen werden müssen.

Eine „gescheiterte", ausgesonderte Kraft der zweiten Führungsebene hat einige Herausforderungen zu stemmen, was ihre Zukunftsplanung betrifft.

Am Firmenstandort gibt es üblicherweise kaum alternative Jobs. Das bedeutet – falls sie oder er doch noch einen adäquaten Job bekommen kann, ist wohl ein Umzug aus der Region hinaus nötig? Oder hat dieser Umzug andere Konsequenzen, wie dass eine Wochenendbeziehung mit Familie und weitgehender Abschied vom sozialen Umfeld droht? Trägt die Beziehung zum Lebenspartner über die Entfernung noch? Das und mehr sind die Gedanken, die den Betroffenen durch den Kopf gehen.

Auch in der Chefetage herrscht Angst. Wenn die Unternehmensleitung nicht bereits ausgetauscht wurde, wird sie es vielleicht bald? Oder handelt es sich um ein inhabergeführtes Unternehmen, in dem der Gründer oder seine Nachfolger Angst haben, die Lebensleistung ihres Vaters als Gründer oder ihre eigene gesamte Lebensleistung einschließlich Herzblut und zahllosen, schlaflosen Nächten komplett zu verlieren?

Das alles sind grausame Gefühle, die einen Menschen ungemein quälen. Und auch, wenn sie vielleicht jetzt denken: Selbst schuld - nein, auch Chefs haben solche Qualen nicht verdient - außer er oder sie ist ein Tyrann.

Wie reduzieren wir denn nun die Ängste und die Widerstände?

Unerlässlich dafür sind: Vertrauen und klare, respektvolle Kommunikation und aufmerksame Führung sowie das Verständnis aller Beteiligten dafür zu wecken, was im Detail passiert, warum die Prozesse und Abläufe so sind, wie sie sind.

Praxistipp: Egal, was ein Sanierungsgutachten formuliert, egal, wie Sie die Schwere der Krise einschätzen: Erst wenn Sie den Istzustand wirklich verstehen und richtig einordnen, erst dann gehen Sie mit Verstand zügig an die Änderung. Das reduziert das Risiko des „Verschlimmbesserns" und die Mühen des Nachbesserns erheblich. Änderungen in einem krisenbehafteten Unternehmen inklusive Transformation müssen mit den Stakeholdern gemeinsam entwickelt und implementiert und danach stetig weiterentwickelt werden. Und auch, wenn Sie das schon wissen, ich erwähne es hier nochmal für alle diejenigen, die immer noch denken, sie könnten einfach mit der Axt dazwischen schlagen.

Wer die Herzen der Menschen gewonnen hat, braucht sich um die Köpfe nicht zu sorgen.

Dieter Lange

DAS INVOLVIEREN DER BELEGSCHAFT BEI VERÄNDERUNGEN – EINE RIESENCHANCE

Fachliteratur und Ausarbeitungen von Sanierungsexperten weisen aus, dass man bei Change-Prozessen die Belegschaft „mitnehmen" soll. **Kaum zu glauben: Auch wenn dies allseits bekannt ist, wird es auch heute noch in der Praxis sehr oft nicht gelebt.** Stattdessen werden Zeitpläne geschmiedet, die die zeitlichen Notwendigkeiten mancher Change-Aspekte komplett ignorieren.

Ja, der Zeitfaktor ist sehr wichtig. Nehmen Sie sich dennoch die Zeit, die Menschen wahrlich „mitzunehmen", nehmen Sie ihnen die Angst und bauen Vertrauen auf. Dadurch holen Sie die dafür investierte Zeit samt Geld durch die geschaffene Motivation der Menschen und die sich dadurch entwickelte Dynamik mehr als auf.

Voraussetzung für das effiziente Involvieren und Motivieren der Belegschaft um ein Unternehmen zu sanieren ist – wie bereits mehrfach erwähnt - das Schaffen von Vertrauen, Vertrauen und nochmal Vertrauen..

Wenn Sie es also richtig machen wollen, die Menschen mit ins Boot nehmen und die Belegschaft involvieren, ist Vertrauen die größte Notwendigkeit auf dem gemeinsamen Weg und Ehrlichkeit die Basis dafür. Dennoch treffen Sie verständlicherweise auf Widerstände und Angst. Menschen, deren Angst Sie nicht verstehen, werden Sie mit Ihrer Kommunikation nicht erreichen und die Belegschaft wird Ihnen nicht vertrauen. Dadurch geht erneut Zeit und Geld verloren.

Die Belegschaft MUSS in die Lösungsfindungen involviert werden, da ansonsten das Risiko des Scheiterns der Projekte sehr hoch ist. Ein reines Anordnen von Veränderungen, auch wenn das Führungsteam absolut von der Richtigkeit einer Lösung überzeugt ist, ohne dass die Mitarbeiter ebenfalls überzeugt sind, wird viel Zeit, Geld, Energie und Kapazität kosten. Ängste und Widerstände werden einen sehr großen Teil der Energie, der Mühen, ja der gesamten Kraftanstrengung verpuffen lassen. Statt eines positiven Gemeinschaftserlebnisses wird Frust produziert und auch noch das letzte Vertrauen in die Führung geht verloren oder wird zumindest stark beschädigt. Es wird noch schlimmer: Spätestens jetzt ziehen wichtige Funktionsträger erst recht den Wechsel des Arbeitgebers in Betracht. Das ist alles bekannt, durch viele Studien belegt und absolut nachvollziehbar - und trotzdem wird es kaum beachtet. Ja, ich wiederhole mich an dieser Stelle. Mehrfach. Immer und immer wieder, denn, ich kann es gar nicht oft genug betonen: Ohne Vertrauen kein erfolgreicher Sanierungsprozess. Egal, an welcher Stelle Sie stehen und agieren.

Zu diesem Thema hier nun ein Gastbeitrag von einem anerkannten Führungsexperten und Top-Speaker, Herrn Michael Hampel, der mir aus der Seele spricht:

Gastbeitrag Herr Michael Hampel

Vielleicht kennen Sie als Unternehmer das auch: Sie stecken, allein oder zusammen mit Ihrem Führungsteam, viel Energie und finanzielle Ressourcen in die Entwicklung einer neuen Software und dazu besser strukturierter Arbeitsabläufe. Bei diesen wichtigen Entwicklungen und vorausgehenden Entscheidungen wollen Sie möglichst wenige Menschen einbeziehen, um nicht zu viele "Köche den Brei verderben" zu lassen. Schließlich präsentieren Sie das Ergebnis Ihrer Belegschaft. Nur – Ihre Mitarbeiter wollen die Veränderungen nicht umsetzen. Was ist passiert?

Aus Sicht der Angestellten sieht die Vorgehensweise, die sie minutiös durchgeplant hatten, leider so aus: Sie kommen früh morgens zur Arbeit und es gibt Neuigkeiten. Die Arbeitsabläufe wurden verändert und gleichzeitig wurde eine neue Software installiert, die sie ab sofort nutzen sollen. Das Problem: Die Arbeitsabläufe entsprechen aus deren Sicht nicht ihrer Praxiserfahrung und die Software ist ebenfalls nur teilweise für deren Anforderungen geeignet. Darüber hinaus ist ihren Arbeitnehmern nicht klar, was die Veränderungen für einen Zweck haben sollen. Es hat doch bisher alles reibungslos funktioniert!

Sie sind enttäuscht: Wer hat die Entscheidung für diese Änderungen getroffen? Warum wurden sie nicht mit einbezogen?

Traurige Gewohnheit in tausenden Unternehmen in Deutschland ist, dass Chefs und Führungskräfte solche Entscheidungen ohne die Mitwirkung der Belegschaft treffen. Die Folge: Frust und Demotivation sowie eine deutliche Verschlechterung der Arbeitsergebnisse. Und das liegt nicht unbedingt daran, dass die Entscheidungen der Führungsetage schlecht waren.

Es liegt an unserem Kopf. Denn das menschliche Gehirn reagiert auf Veränderungen, vereinfacht ausgedrückt, grundsätzlich mit Skepsis. Unser limbisches System, die Amygdala, der Sitz des Gefahren-Warn-Systems, lässt bei jeglichen Veränderungen unsere Alarmglocken läuten. Es ist die Zentrale unserer Emotionen und steuert unsere Entscheidungen zu 95 % unbewusst. Nur 5 % aller Entscheidungen, die wir täglich treffen, treffen wir bewusst.

Die Schwierigkeit der persönlichen Veränderung liegt in der Ambiguität des Lebens. Unser Gehirn liebt Stabilität und Prinzipien. Es mag Routine. Auf der anderen Seite verlangt es auch nach Weiterentwicklung, nach Neuem und nach Lernen. Diese beiden Vorlieben zusammenzubringen, ist nicht ganz einfach...

Warum bekommen Ihre Mitarbeiter es nun im vorgenannten Fall mit der Angst zu tun? Die Veränderungen könnten mit einer Verschlechterung einhergehen. „Will man uns wegrationalisieren?" „Hält die Geschäftsleitung nichts von unserer Meinung?" „Will man uns überwachen?" „Was kommt als nächstes?" Die Fantasie lässt hier den Gedanken der betroffenen Mitarbeiter sofort freien Lauf. Die Energie der Belegschaft wird in Zeiten der Veränderung anstatt in die Anpassung häufig an Pläne gebunden, wie man die

Veränderungen stattdessen blockieren und den Ursprungszustand wiederherstellen kann.

Die Folgen sind dramatisch: Ein großer Teil der Arbeitsleistung geht verloren und hohe Verluste an Produktivität und Qualität bescheren betroffenen Unternehmen Millionenverluste. Noch schlimmer: 60 bis 80 % aller Veränderungsprozesse und Umstrukturierungsmaßnahmen, die mit Hilfe externer Beratungsunternehmen durchgeführt werden, sind vollkommen wirkungslos, da sie weder die Kultur des Unternehmens berücksichtigen, noch die betroffenen Arbeitnehmer mit in den Prozess einbeziehen. Das haben mittlerweile zahlreiche Studien ergeben. So beschreibt IBM in seiner Global Making Change Work Study 2008, dass nur 41 % der Change-Projekte erfolgreich sind. Bain US zeigt in ihrer Acquisition Success Study, dass mehr als 50 % aller Merger zu keiner Wertsteigerung führen. Trotzdem wird die Sau "Change" weiter durch die Dörfer - und Unternehmen - getrieben.

Am Ende kehren betroffene Unternehmen häufig zu bewährten Methoden und Prozessen zurück und der zwischenzeitlich entstandene Scherbenhaufen muss aufgekehrt werden. Denn während solcher Prozesse gehen einerseits Vertrauen, Glaubwürdigkeit und auch Engagement verloren und andererseits verlassen viele Leistungsträger die betroffenen Unternehmen.

Auch paradox: In den meisten Stellenanzeigen suchen Unternehmer in der Regel qualifizierte Mitarbeiter mit hoher Leistungsbereitschaft. Häufig wird gefordert, dass Bewerber bereit sind, sich einzubringen, kreativ zu denken und sich zu engagieren. Bewerber, die sich auf solche Stellenanzeigen melden, erwarten einen Arbeitgeber, der genau die Gelegenheiten dazu dann auch bietet: Die Möglichkeit, sich einzubringen, zu entfalten und mitzubestimmen. Bei Entscheidungen, die die eigenen Arbeitsbereiche mittelbar oder unmittelbar betreffen, ist es sogar eines der Grundbedürfnisse von Mitarbeitern, in den Entscheidungsprozess von vornherein mit einbezogen zu werden!

Gehen wir einmal davon aus, dass Ihre Stellenanzeige so gestaltet ist, dass sich die geeigneten Bewerber bei Ihnen vorstellen und auch in Ihr Unternehmen kommen. Dann sind das qualifizierte Mitarbeiter, deren Ressourcen, Erfahrungen und Kenntnisse Sie unbedingt nutzen sollten. Wofür haben Sie diese Leute denn sonst gesucht und eingestellt?

Die wichtigste Regel für Sie als Unternehmer, um ab sofort Veränderungen in Unternehmen so anzugehen, dass sie von Ihren Angestellten nicht mehr blockiert, sondern sogar mit Energie und Freude mitgetragen werden, lautet: Informieren Sie Ihre Mitarbeiter rechtzeitig über das *Was* und *Warum* und beziehen Sie sie dann aktiv in den Veränderungsprozess mit ein. So nutzen Sie sämtliche vorhandenen, internen Ressourcen und können mit voller Energie die Veränderungen umsetzen. Versprochen!

Da wir uns immer häufiger in einem permanenten Veränderungsprozess befinden, also Stabilität und Gewohnheiten sich auf Dauer in Agilität und Anpassungsbereitschaft und

-fähigkeit wandeln, wird es umso unentbehrlicher, dass Sie Ihre Vorgehensweisen anpassen und die Mitarbeiter als Teil des Veränderungsprozesses immer mit ins Boot nehmen. Dann klappt es auch mit der Veränderung.

Ihr Michael Hampel
Führungsexperte und Top Speaker

https://michael-hampel.com/

Ein wunderbares, sehr einprägsames Beispiel, wie sehr Sinn, Leitspruch und Involvierung der Belegschaft der Initiator für erfolgreichen Change einer gesamten Organisation zum rettenden Ufer getrieben hat, ist das Unternehmen **Harley-Davidson Motor Co.**

Anfang der 80er Jahre stand dieses Unternehmen kurz vor dem finanziellen Aus. Qualität und Zuverlässigkeit der Produkte sowie der Service ließen doch sehr zu wünschen übrig. Starke Konkurrenz aus Japan, hohe Reklamationskosten und schließlich hohe Verluste zwangen das Unternehmen in die Knie. Die Managementebene war nicht in der Lage das Problem zu lösen und auch teure Berater scheiterten. Schließlich entschied sich die Unternehmensleitung dazu, die Mitarbeiter in die Lösungsfindung und Rettung des Unternehmens einzubeziehen. Sie involvierten die Belegschaft und bezogen sie in den Wandel mit ein. Seit langer Zeit hatten die Mitarbeiter endlich wieder das Gefühl, Teil von Harley-Davidson zu sein. Sie konnten endlich gegenüber der Firmenleitung offen zugeben, mit der Qualität der Motorräder so gar nicht zufrieden zu sein. Die Belegschaft mit ins Boot zu holen war die absolut richtige Entscheidung, da nun diejenigen, die das Produkt am besten und im Detail kannten, ein Teil der Lösung wurden. Die Belegschaft konnte nun motiviert das Gefühl entwickeln, dass sie wertvoll war, eine Stimme hat und die Zukunft selbst mitbestimmen und mitgestalten konnte.

Der Wandel, das Involvieren der Mitarbeiter sollte außerdem einem "Overarching purpose", einem hehren Ziel des Unternehmens folgen. Das „WARUM" war zu definieren. Im Fall von Harley-Davidson war es der folgende Leitspruch der Vision, das Ziel, der Unternehmenszweck, der das Herzblut der Mitarbeiter seitdem antrieb:

"We sell your dream – the bike is for free!"

Ist das nicht ein wunderbarer Leitsatz? Dieser ging durch alle Köpfe und Herzen der Belegschaft.

Angst war ab da kein Thema mehr und die Begeisterung trieb das gesamte Unternehmen in eine erfolgreiche Richtung und aus einer Marke wurde ein Mythos.

Das Erklären des WOZU einer Veränderung (Sinn) ist definitiv Führungsaufgabe. Hier ist es überaus wichtig, dass derjenige, der sich verändern soll, nicht „nur" den Sinn versteht, sondern unbedingt auch wirklich dahinter steht. Dies ist ein kommunikativer Prozess, für den es einen Rahmen, ein Drehbuch geben muss, mit Angabe von Raum und Zeit. DAS ist es, was alle im Unternehmen brauchen, das ist es, was JEDER von uns braucht: Den „Overarching Purpose", den übergeordneten Sinn und Zweck, um ein Ziel zu erreichen, das anders ist, als der jetzige Zustand. Der treibt uns an, gibt uns Sinn und die Motivation für unser Tun, Handeln und Lassen.

Fazit:

Machen Sie sich der hochinteressanten, faszinierenden Aufgabenstellung einer Sanierung und der Lösungskompetenz der Belegschaft im Unternehmen bewusst und erzeugen Sie daraus positive Energie, Begeisterung und Engagement aller Beteiligten.

Der sich aus dieser Vorgehensweise entwickelnde Erfolg ist wissenschaftlich bewiesene Erkenntnis, die alle Transformations-Experten weltweit ausreichend beschrieben und erklärt haben.

Dennoch wird in der Praxis sehr oft wider besseres Wissen gehandelt. Meist aus falsch ausgelegtem Zeitdruck, auf Anweisung von Gesellschaftern oder Banken, aus Bequemlichkeit oder aus trauriger Gewohnheit.

Deshalb nochmals mein Appell: Involvieren Sie die Belegschaft in die Lösungsfindungen!!! Egal, worum genau es geht, sei es eine neue Software, neue Prozesse und Abläufe oder strukturelle Verbesserungen. Die Kreativität und die Unterstützung der Mitarbeiter nicht nur bei der Lösungsfindung, sondern auch bei der späteren Umsetzung können Berge versetzen.

Praxistipp: Stellen Sie Ihren Führungskräften und (den richtigen) Mitarbeitern Fragen, die nicht mit einem einfachen "Ja" oder "Nein" beantwortet werden können. Stellen Sie offene Fragen, die die Menschen selbst zum Denken und richtigen Handeln anregen.

Zum Beispiel: *„Frau Schmidt, wie würden Sie die Belegung des Versuchslabors verbessern, wenn Sie einmal völlig freie Hand in der Gestaltung hätten? Wenn Sie da eine bessere Idee haben..." Oder: „Herr Müller, was meinen Sie, wie könnten wir die Bearbeitung von Serviceanfragen unserer Kunden beschleunigen?"* Mit solchen Fragen bereiten Sie die Zuteilung von mehr Verantwortung vor.

Voraussetzung: *Sie haben vorher festgestellt und festgelegt, WEM Sie solche Fragen stellen können, ohne zu überfordern oder zu verunsichern.*

So kommen praktische Lösungen zustande, die Berater nur selten finden. Und dass die eigenen Lösungsvorschläge der Mitarbeiter in der Praxis dann auch proaktiv schneller und besser umgesetzt werden, als unbegründete Anweisungen vom Chef, versteht sich von selbst.

Übrigens: Voraussetzung ist, dass die Projekte gut geführt, moderiert und dokumentiert werden. Die Moderation ist einer der Erfolgsschlüssel auf ihrem Weg, denn ohne aufmerksame Moderation werden wichtige Beiträge unterdrückt oder es gibt unendliche Diskussionen, bei denen die Beteiligten irgendwann die Lust verlieren.

Wenn Sie in einzelnen Problemstellungen oder Projekten keine Kapazität oder Fähigkeit bei Ihrem Führungsteam sehen, dann lassen Sie den Prozess in diesen speziellen Fällen von externen Experten leiten und moderieren. Die Kosten für diese Berater amortisieren sich durch den Zeitgewinn, die Effizienz und die Ergebnisqualität in kürzester Zeit. Zeit und Kapazität, die Sie für die anderen Projekte in einer akuten Krise dringend benötigen.

Wenn die Führungskräfte die Projekte positiv leiten und moderieren oder zumindest proaktiv und wohlwollend begleiten, ist der Umsetzungserfolg nahezu sicher.

Warum ist das so? Denken Sie sich wieder in die Gedanken- und Gefühlswelt der Belegschaft hinein. Es gibt einen Riesenvorteil, wenn die Mitarbeiter in Lösungsfindung und Umsetzungsplan involviert sind, denn sie denken: "Wenn ich meinen Beitrag zu einer Lösung leiste, begründe, dafür agiere und argumentiere, muss ich es selbst immer wieder reflektieren und ggfs. korrigieren/optimieren. Somit ist es auch „mein" Projekt." Und wer möchte dann bei oder nach der Umsetzung gerne zugeben müssen, dass die eigenen Ideen wohl doch nicht so gut waren? Vermutlich niemand. Also werden alle Beteiligten Gas geben, damit das Ziel auch erreicht wird, wenn nötig mit kleinen notwendigen, aber abgestimmten Korrekturen. Die Gefahr des Meckerns und des "Gegenanstinkens" ist minimiert.

Weniger Widerstände bei der Umsetzung bedeuten weniger Stress und Zeitaufwand für das Führungsteam – und außerdem: Die Angst ist nicht mehr im Fokus, sie tritt an die Seite und bremst niemanden mehr aus.

*Dieter Lange*** *sagt zum Scheitern von Veränderungsprozessen: „Change Prozesse scheitern dauernd – warum? Weil der Leidensdruck nicht groß genug und die Leidenschaft für ein neues Ziel nicht da ist. Wer Leistung will, muss Sinn bieten. Vom Abgrund weg und einer Verheißung entgegen. In den meisten Firmen gibt es weder das Eine noch das Andere. Der Kontext ist nicht da. Der Leitstern ist nicht da. Also: Sorgen Sie für Klarheit und wecken Sie Leidenschaft für ein definiertes Ziel in Ort, Zeit und Form.*

Wie Leidenschaft aufgebaut werden kann, wissen Sie jetzt.

** **Dieter Lange** *ist Erfolgscoach, Autor und bekannter deutscher Keynote-Speaker. Der Experte arbeitet mit Führungskräften großer Unternehmen bis hin zu DAX-Vorstandsmitgliedern. Er wird immer dann gerufen, wenn es sprichwörtlich brennt. www.dieter.lange.com*

Statistiken legen nahe, dass sich Geschäftsinhaber und Manager freuen sollten, wenn sich Kunden beschweren. Der sich beschwerende Kunde stellt eine enorme Chance für weitere Geschäfte dar.

Zig Ziglar

REKLAMATIONEN – DIE NR. 1 DER QUICK WINS

Eine meines Erachtens unterschätzte, typische, energieraubende, schädliche Auffälligkeit, die nicht nur in Krisenzeiten schmerzt, die mir wirklich am Herzen liegt und die oft hohes Quick-Win-Potential besitzt:

Die Qualität und Quantität von Reklamationen, deren Ursachen, deren Dokumentation und die entsprechenden Abarbeitungsprozesse.

Ich meine hier nicht die Kundenbeschwerde, die durchaus zur Kundenbindung genutzt werden kann. Nein, hier geht es um schwerwiegende, kräftezehrende, quälende, teure Reklamationen.

Reklamationsrate, Reklamationskosten, Reklamationsprozesse und deren Qualität und Umsetzung sind für mich sehr hilfreiche Faktoren bei der Bewertung des Zustands eines Unternehmens. Diese Zahlen und Erkenntnisse erzählen die Wahrheit, wenn sie penibel und regelmäßig erfasst und beobachtet werden. Sie zeigen auf: Was passiert wirklich im Unternehmen? Was sind die Folgen?

Um das herauszufinden ist es notwendig, Ursachen und Abläufe wahrhaftig zu verstehen und vollumfänglich zu durchdringen. Ansonsten wird es Ihnen schwerlich gelingen, die Reklamationen samt den entsprechenden gesamtheitlichen Aufwendungen zu reduzieren.

Reklamationen, insbesondere bei produzierenden Anlagen und Maschinen, sind nicht nur für den Hersteller sondern auch beim Kunden eine absolute Katastrophe. Wenn eine Produktionsanlage beim Kunden nicht ordnungsgemäß produziert, verspätet in Produktion geht oder erst mit großer Verzögerung die zugesagte Kapazität erreicht, bedeutet dies: Produktionsausfall, entgangenen Gewinn (auch wenn vertraglich ein Ausgleich von consequential losses/Folgeschäden ausgeschlossen ist, gibt es sie dennoch beim Kunden), Schaden durch Material-/Rohwarenverlust, Pönale, Aufschrei der Kunden des Kunden und vieles mehr - Streit und Stress pur.

Darüber hinaus wiegt der Imageschaden schwer. Dieser wird noch befeuert vom Wettbewerb, der genüsslich das Schadens-Gedicht in der Branchen-Welt verbreitet, gern noch ein paar Strophen hinzu dichtet und sich die Hände reibt.

Ob in der Entwicklung und Konstruktion am falschen Ende gespart wurde oder etwas beim QM „durchgerutscht" ist, ob unentdeckte Materialfehler oder theoretisch richtige, jedoch praktisch falsche Auslegung von Komponenten: Reklamationen haben dramatische Folgen. Sie werden stark unterschätzt, da sie betriebswirtschaftlich fast immer nur unzureichend dargestellt werden. Ein Großteil der

Aufwendungen landet auf ganz anderen Sachkonten als dies aus betriebswirtschaftlicher, unternehmerischer Sicht richtig wäre.

Checken Sie doch einmal ehrlich, welche Mehraufwände und Kosten wie entstehen, wie sie in der Praxis dokumentiert werden und ob/wie die einigermaßen korrekten Beträge das richtige Sachkostenkonto finden. Sie werden dabei feststellen, wie dramatisch die Größenordnung des Gesamtschadens WIRKLICH ist.

> *Mein Tipp für ALLE Unternehmensleitungen – egal ob notleidend, in sicherem Fahrwasser oder gar in erfolgreichen Zeiten: Prüfen Sie alle drei bis sechs Monate die Wahrhaftigkeit der dokumentierten Reklamationsaufwendungen. Oft ist es so, dass „nur" die Materialkosten ausgewiesen/dargestellt werden. Doch was ist mit dem Rest? Auf welchen Konten landen die zusätzlichen Kosten und Aufwände für die Bearbeitung, Kundentelefonate, Besprechungen, Reisen, Service-Einsätze?*

Im Folgenden wird es etwas anstrengend und kleinteilig – ohne dieses Detailwissen ist es allerdings unmöglich, wirklich alle Aspekte und Ursachen zu verstehen und zu durchdringen, die nötig sind, um Fehler bereits in der Entstehung zukünftig zu eliminieren und einen wichtigen „Krisenmacher" loszuwerden.

Ich wette, beim Lesen der folgenden Beispielgeschichte werden Sie mehrfach denken: "Das würde in unserem Unternehmen NIE passieren". Dennoch passiert es jeden Tag; ganz bestimmt sogar.

Spielen wir doch mal beispielhaft die Entwicklung einer Reklamationssituation bei einer neuentwickelten Anlage zur Nahrungsmittelproduktion durch. Bei Neuentwicklungen entstehen bereits hohe Kosten und Aufwände, noch bevor der Prototyp in Betrieb geht. In diesem Beispiel wird die Reklamation durch falsche Entscheidungsketten verursacht und erst nach der Inbetriebnahme beim Kunden richtig dramatisch. Die Geschichte hat so oder so ähnlich stattgefunden...

Also los geht´s: Mitten in einer Ergebniskrise in einem technisch hochklassigen Unternehmen wird eine neue Hochleistungsmaschine kreiert und entwickelt – unterstützt von den Hausbanken, da die Unternehmensleitung sie überzeugen konnte, dass diese Neuentwicklung aus der Ergebniskrise herausführen wird. So weit, so gut.

Zuvor wurde eine Marktanalyse samt Kundenbefragung durchgeführt, die neue Anlage spezifiziert, ein detailliertes Lastenheft ausgearbeitet und, und , und – so wie es sich gehört.

Das Ergebnis ist eine geniale, hervorragende Produktionsanlage, die die hohe Schule der Ingenieurskunst darstellt. Alle im Unternehmen sind stolz und sicher, dass jetzt wieder erfolgreichere Zeiten anbrechen.

Doch, es gibt zwei Haken

1. Die Herstellkosten sind deutlich höher als ursprünglich geplant und erlaubt.

2. Die Maschine ist zudem absolut "over-engineered", also deutlich besser als sie der Kundenmarkt benötigte.

Krisenreiter: Passiert ab und zu in kriselnden Unternehmen, wo die Entwicklung nochmal zeigen will, was sie kann, unterstützt vom Vertrieb, die nicht nur ein tolles sondern ein supertolles Produkt haben will. Folge des unzureichenden Entwicklungscontrollings: Der Markt wollte eine gut ausgestattete Mercedes E-Klasse – entwickelt wurde eine S-Klasse...

Der Markt war nicht bereit, den hohen Preis für die Maschine zu zahlen und nun sollten auf Teufel komm raus die Herstellkosten des neuen Hoffnungsträgers deutlich reduziert werden – natürlich ohne allzu große Abstriche an der neuen Technologie zu machen, die man ja gern als Wettbewerbsvorteil behalten wollte. Also wurde fleißig umkonstruiert, die Maschine günstiger konzipiert und mehrere wichtige Komponenten durch günstigere Artikel und einfachere Komponenten ersetzt.

Die Folge: Ein erneuter Aufwand in der Konstruktion mit mehreren hundert Stunden zusätzlich, die zuvor nicht budgetiert/geplant waren. Andere Arbeiten an laufenden Aufträgen verzögerten sich oder blieben liegen. Die Folge: Stress und sich weiter erhöhende Entwicklungskosten plus Mehraufwand/Überstunden bei der Abarbeitung der weiteren Bestandsaufträge.

Dies war der Firmenleitung durchaus bewusst, doch nun hatte man schon so viel Zeit, Geld und Energie in das unternehmensrettende Produkt gesteckt... Ein Abbruch war keine Lösung.

Schließlich wurde die erste Anlage als Prototyp gebaut und mit großem Tamtam als das absolute Nonplusultra proklamiert.

Es folgte die erfolgreiche Ausstellung des Prototyps auf einer Fachmesse und noch auf dieser Messe wurde die Anlage an einen begeisterten skandinavischen Kunden (als Neuersatz für eine alte Anlage) verkauft – natürlich zum Super-Sonder-Messepreis. Dieser Verkaufserfolg wurde lauthals vermarktet und man erhoffte sich daraufhin weitere Verkäufe mit recht großem Optimismus.

Wie es häufig passiert, wurde die Messemaschine erst nach der Ausstellung wirklich fertiggestellt. Es wurde nachts und am Wochenende gearbeitet, um die Anlage pünktlich ausliefern zu können, was weitere Kosten verursachte.

Zum Glück brauchte der Kunde noch Zeit, um seine Altanlage zu demontieren, die Fundamente und die Infrastruktur (Energie, Leitungen, Rohwarenzulauf, anschließende Verpackungsmaschinen etc.) anzupassen und vorzubereiten. Dazu brauchte es allerdings ebenfalls entsprechende Unterlagen und Anschlusspläne vom Hersteller, die ebenfalls erst noch erstellt werden mussten...

Die Steuerung wurde fertiggestellt, die Anschlusszeichnungen aktualisiert, jedoch die umfangreiche Dokumentation ließ auf sich warten. Inzwischen war die notwendige Infrastruktur beim Kunden fertiggestellt und die Anlage musste nun dringend geliefert werden.

Es folgte die Montage vor Ort und schließlich die Inbetriebnahme durch erfahrene Techniker und Ingenieure, die die Anlage zur Produktion vorbereiteten, justierten und schließlich den Produktionsstart vermelden konnten – „nur" zwei Wochen nach Plan. Der Probebetrieb begann also 14 Tage zu spät und die vertraglich festgelegte Verzugspönale für zwei Wochen reduzierte den Deckungsbeitrag zusätzlich.

Die ersten zwei Tage produzierte die Anlage recht gut, man musste noch einige Dinge einstellen und nach und nach funktionierte die Anlage, wie sie sollte. Dann passierte es: Bei der Qualitätskontrolle stellte das QM des Kunden am dritten Tag nach Inbetriebnahme Kontamination im Endprodukt fest. Die Produktion wurde umgehend gestoppt, das gesamte Produktmaterial in der Anlage musste ausgebracht und entsorgt, die gesamte Anlage plus Folgemaschinen (Verpackung) gereinigt werden.

Nur wenige Stunden später wurde die Ursache identifiziert: Eine defekte Gleitringdichtung.

Eine spezielle, auftrags-gefertigte Dichtung in einer Lebensmittel verarbeitenden Anlage war also schadhaft. Somit gilt das Lebensmittel als kontaminiert und unverkäuflich. Der Schaden summiert sich beim Kunden über Materialeinsatz, Produktionsausfall, Reinigungskosten, Entsorgung, Anfahrtskosten, Personalmehraufwand usw. usw.. Sie können sich sicher vorstellen, dass wir nicht nur von ein paar wenigen Euro sprechen.

Was passiert nun nach Eingang der Reklamation beim Hersteller der Anlage?

Die Verfügbarkeit eines Service-Ingenieurs wird gecheckt.

Ist eine Ersatzdichtung verfügbar?. Wenn ja, wird der Versand umgehend initiiert. Oder liegt eine Ersatzdichtung beim Kunden vor Ort im Konsignationslager?

Im besten Fall ist in wenigen Stunden die Dichtung getauscht, die Anlage wird gereinigt und die Produktion wieder angefahren. Da die technische Spezifikation "noch gerade so grenzwertig" korrekt war, wurde die Dichtungstype selbst anfangs nicht hinterfragt.

Die schadhafte Dichtung wird untersucht und die Suche nach der Schadenursache beginnt sofort. Soweit der Fall. Welche Kosten sind nun hier zu berücksichtigen?

- Materialkosten der Dichtung plus Einbaumaterial
- Zeitaufwand für die Entnahme und die interne Logistik
- Erstellung Versandpapiere, Zollpapiere, Verpackung etc. sowie externe Logistik
- Koordination Einsatz Service-Monteur(e)
- Reisekosten des Service-Monteurs
- Zeitaufwand für Dokumentation, Montagebericht ggfs. mit Ursachenangabe des Technikers/Monteurs
- Zeitaufwand für die Bearbeitung des Berichts und ggfs. weitere Bearbeitung und Dokumentation QM
- Ggfs. Aufwand zur Abstimmung mit dem Lieferanten der Dichtung zur zukünftigen Mangelvermeidung
- Zeitlicher Aufwand für die Reklamationskorrespondenz mit dem Kunden durch verschiedene Abteilungen

- Eventuelle Pönale und Schadenersatzforderungen
- Reisekosten zur Kunden-Beschwichtigung von Vertriebsleitung, Technischer Leitung und eventuell der Geschäftsführung

Reputations- und Vertrauensverlust lassen wir mal bei der Betrachtung außen vor; den deckt keine Versicherung.

Schließlich ist dieser Vorgang unfassbar schädlich für das Unternehmen.

Die finale Reklamation wurde letztlich durch einen Konstruktionsmangel begründet, weil am „falschen Ende gespart wurde", da der Kostendruck zu stark war, um die Herstellkosten möglichst klein zu halten. Das ist kein Märchen, sondern Realität und mir bereits mehrfach bei notleidenden Mandanten aufgefallen.

Prozessbeschreibungen werden nicht mehr sauber eingehalten und Zuständigkeiten sowie Verantwortlichkeiten verdeckt. Hier kommt nun auch die Psyche der Belegschaft ins Spiel, alle sind gestresst und alle haben - mehr oder weniger - Angst.

Die Belegschaft, die um die kritische Situation der Firma weiß, wird fragil. Es folgen Fehler und unzureichende Kommunikation zwischen den Abteilungen. Wichtige Informationen werden nicht übertragen oder nicht aufgenommen. und signifikante Unternehmensteile befinden sich in einem „Tunnel", aus dem sie nur schwer selbst wieder herausfinden.

Hier zeigt sich die Wichtigkeit von wahrem Krisenmanagement in Verbindung mit der unbedingt notwendigen, ehrlichen Kommunikation.

In dem zuvor beschriebenen Reklamationsprozedere wird nun eine schadhafte Dichtung – welche zwar günstig, jedoch technisch nur den Minimalanforderungen entspricht - ausgetauscht. Oft erfolgt dies gern nachts und/oder am Wochenende (und somit außerhalb der tariflichen Arbeitszeiten des Konstrukteurs). Der erfahrene Servicetechniker weiß oder erahnt, dass die Dichtung für die Anwendung in der Anlage von der technischen Auslegung her zwar korrekt scheint, jedoch nach seiner Erfahrung nicht die richtige Dichtung ist, um ihre Aufgabe IN DER PRAXIS zu erfüllen. (Ich gehe jetzt mal nicht zu sehr ins Detail, oder soll ich kurz? Wenn z.B. bei der Erhitzung von Süßspeisen die Zuckeranteile karamellisieren und PPE-Dichtungen beschädigen, weil der Produktstrom nicht ausreicht, da die Maschine die Mindestfüllmenge nicht erreicht und deshalb höhere Temperaturspitzen auftreten...)

Dies schreibt der Servicetechniker nun in seinen Bericht und empfiehlt eine andere, geeignete, jedoch teurere Dichtung einzusetzen. Dieser Bericht kommt dann mit mehreren Tagen Verspätung im Hause an, da gute, erfahrene Servicetechniker schon immer „Mangelware" waren und somit viel unterwegs sind. Inzwischen sind weitere Reklamationen eingegangen. „Normale" Service-, Reparatur- oder Umbauaufträge sind eingetroffen und müssen bearbeitet werden und alle sind froh, dass zunächst die Reklamation von letzter Woche erledigt ist. Der Auftragskonstrukteur geht weiterhin pünktlich in den Feierabend und die Servicetechniker wissen nicht mehr, zu welchem

Feuer sie als nächstes gerufen werden... Zugleich ist ihnen bewusst, dass es nur eine Frage der Zeit ist, bis die nächste Billig-Dichtung beim selben Kunden wieder ausgetauscht werden muss. Die Frage ist nun: Warum ruft der Servicetechniker nicht einfach den Konstrukteur an? Die Antwort gibt das wahre Leben: Nach mehreren Versuchen hat er den Konstruktionskollegen nicht erreicht – der auch seine Mailbox nicht abhört und auf E-Mails nicht reagiert, weil dieser erkrankt ist. Soll der Service-Ingenieur nun beim Konstruktionsleiter anrufen, um den verantwortlichen Entwicklungskonstrukteur anzuschwärzen? Hm, was denken Sie, wird er wohl tun?

Was sind in diesem Beispiel nun die Schlussfolgerungen? Also 1. Ursache finden, 2. Folgen betrachten, 3. Abhilfe schaffen und 4. deren Folgen vorausschauen.

Die Ursache liegt hier in der Konstruktion und dem Vorgehen insgesamt. Oft sehen die Auftragskonstrukteure „ihre" Anlage nur vor, bei oder kurz nach der Inbetriebnahme (FAT/SAT) – wenn sie sie überhaupt beim Kunden zu Gesicht bekommen.

Die Reklamationsbearbeitung erfolgt aus dem Servicebereich heraus. Hier sollen Servicetechniker die Probleme lösen, die in einer anderen Abteilung verursacht wurden. Die Umstände führen dazu, dass jeder „sein Ding macht", es jedoch keine lösungsorientierte Kommunikation zwischen Service und Konstruktion gibt. Wenn Sie nun denken, das darf doch wohl nicht wahr sein, das gibt´s doch gar nicht – doch, das gibt´s. Viel zu oft.

Der Service muss infolge immer mehr Kapazitäten in die Reklamationsbearbeitung stecken und hat somit kaum mehr Zeit für profitable Aufträge. Die Auftragskonstruktion wird nicht angegriffen und macht pünktlich Feierabend, weil Überstunden ja verboten wurden – aus Kostengründen oder warum auch immer. Währenddessen werden Servicetechniker sauergefahren. Sie dürfen Überstunden machen, weil es eben sein muss. Die Maschinen beim Kunden müssen laufen. Ihre Berichte mit wertvollen Lösungsvorschlägen erreichen den richtigen Adressaten erst mit Zeitverzug, wenn überhaupt.

Wenn nun auch noch die besagte Produktionsanlage des Kunden nicht in der Nachbarschaft steht, sondern an einem Standort außerhalb Europas, dann kommt es noch "dicker". Die Aufzählung der Kosten und Aufwendungen, der Verluste und Verschwendungen von Zeit, Energie, Motivation, Gesundheit etc. wird immer länger und ist dann kaum mehr wirklich zu bewerten oder beziffern. Der Ärger mit dem Kunden, Reputations- und Vertrauensverlust sind dramatisch, das Selbstbewusstsein des eigenen Vertriebsteams wird zerrieben. Das Bekanntwerden der vermehrt auftretenden Reklamationen sind für den Wettbewerb ein gefundenes Fressen und ein Beschleuniger des Sogs in die Tiefe in einer sowieso schon schwierigen Situation.

Vielleicht liest sich das hier ein wenig dramatisiert und übertrieben, jedoch habe ich solche Situationen oft angetroffen, wenn ich Unternehmen aus der Patsche helfen durfte. Bitte verstehen Sie dieses Beispiel nicht als pauschale Prügel für die Auftragskonstruktion oder irgendeine andere Abteilung. Das ist hier „nur" ein Beispiel.

Ich möchte die Wichtigkeit des vorherigen Absatzes unterstreichen und wiederholen, dass es auffällig oft vorkommt, dass in notleidenden Unternehmen manch wichtige Prozessvorgaben nicht mehr sauber befolgt, Zuständigkeiten sowie Verantwortlichkeiten verdeckt werden und nur noch unzureichend oder zumindest ineffizient kommuniziert werden. Oft hörte ich dann auch den folgenden Satz: „Das ist mal wieder typisch. Ich kann ja nix dafür, wenn die Kollegen meine Berichte nicht lesen..."

Wenn dann eine Führungskraft oder ein Berater nachfragen und verstehen wollen„ „was denn da los ist", dann ist es für die Beteiligten einfacher, den „schwarzen Peter" weiterzureichen und mit dem Finger auf Andere zu zeigen.

> *Praxis-Tipp: Wenn Sie die Beteiligten über eine beobachtete Unzulänglichkeit befragen, achten Sie auch darauf, wie intensiv bei der Befragung der Mitarbeiter fast ausschließlich die vorgelagerten Prozessschritte kritisiert werden – die eigenen garnicht und die nachfolgenden Schritte kaum. Merken Sie was?*

Die gute Nachricht: Ist das Problem verstanden und sind die Ursachen ehrlich aufgearbeitet, gibt es Lösungen des Problems mit überschaubarem Aufwand. Mit kluger Kommunikation und positiver Moderation sowie Involvierung aller Beteiligten ist die Erarbeitung der Lösung schnell und gut möglich, weil alle Stakeholder davon profitieren.

Ziel muss ein klarer Prozess und eindeutige Verantwortlichkeiten mit festen Entscheidungsfreiheiten sein. Bei allen Maschinen- und

Anlagenbauunternehmen ist es daher hochinteressant, sich diese Reklamationsprozesse näher anzuschauen.

Hilfreich dabei ist eine genaue Beobachtung der Vorgänge, Abläufe, der Kommunikation (intern und extern), der Stresslevel aller Stakeholder und wie sie jeweils damit umgehen.

Doch warum das Ganze?

Wenn die Reklamationsrate zeitnah auf ein Minimum reduziert wird, bringt dies sehr merkliche, positive Effekte auf die Kosten und somit direkt auf das Betriebsergebnis. Die Stimmung in der Firma geht deutlich nach oben und das Stresslevel deutlich nach unten. Egal, wie gut oder schlecht es der Firma geht.

> *Praxis-Tipp 1: Wenn Reklamationen ein Thema sind, setzen sie bei der strategischen Projektplanung bei Change-Tasks dieses Projekt auf die Liste derer, die zuerst begonnen werden. Nichts ist motivierender als Quick-Wins für alle.*

Praxis-Tipp 2: Sprechen Sie unbedingt mit den Service-Technikern und Inbetriebnahme-Ingenieuren. Die kennen „ihre Pappenheimer", die Schwächen einzelner Komponenten oder Module oder des Gesamt- oder Teilprozesses. Sie haben einen Wissens- und Erfahrungsschatz aus der Praxis beim Kunden, der unbedingt genutzt werden muss. Wenn Sie es schaffen, dass sie diese Schatzkiste öffnen, Sie es dann auch noch erreichen, dieses Wissen smart in die Entwicklung/Auftragskonstruktion etc. hineinzutragen ohne jemandem zu blamieren oder anzuklagen, dabei den Servicetechniker „glänzen lassen" und die Performance des Entwicklers/Konstrukteurs verbessern (durch Info an Abteilungs- und Bereichsleitung), gewinnen Sie wahrlich wichtiges Vertrauen für weiteres Vorgehen in anderen Projekten.

Fazit:

Sie kennen alle den Satz „Der Gewinn liegt im Einkauf."

Wissend, dass dieser Satz ja nur ein Teil (ja, ein durchaus wichtiger Teil) der Wahrheit ist, würde ich diesen Satz umformulieren.

Nach meinem Dafürhalten ist insbesondere im Maschinen- und Anlagenbau angesagt:

„Der Gewinn liegt in der Minimierung der Reklamationsaufwendungen **und** im intelligenten Einkauf!!!" – und zwar auch in dieser Reihenfolge.

Wenn es überhaupt ein Rezept für den Erfolg gibt, besteht es darin, sich in die Lage anderer Menschen zu versetzen.

Arthur Schopenhauer

DER PRODUKTIONSBEREICH - NICHT NUR EINE ÜBERAUS WICHTIGE INFORMATIONSQUELLE

Um Krisen zu meistern, benötigen Sie viele Informationen, Zahlen, Daten, Auswertungen und vieles mehr. Wollen Sie jedoch diese Flut an Informationen und Zahlen auch wirklich verstehen und durchdringen, um die Krise nicht nur zu bewältigen, sondern als Chance zu nutzen, benötigen Sie weitere Einzelheiten, die Ihnen helfen, Hintergründe und Zusammenhänge zu begreifen. Wenn Sie es richtig anstellen, werden Sie zusätzlich viele wertvolle Erkenntnisse erhalten, die Sie weder in Gutachten und Konzeptionen finden noch aus intensiven Gesprächen mit Personen aus dem gewerblichen Bereich herausholen.

Um alle möglichen Quellen zu berücksichtigen, lassen Sie uns einmal die Orte betrachten, an denen Sie generell aus Gesprächen und Beobachtungen hilfreiche Informationen erhalten.

Nach meiner Beobachtung und Erfahrung sind diese vier wichtigsten Orte der Informationsgewinnung, um mit deren Hilfe Krisensituationen zu verstehen und Lösungsansätze zu generieren – in umgekehrter Reihenfolge:

Platz 4: Büroräume, Arbeitsplätze, Besprechungs- und Meetingräume

Platz 3: Kaffeeküchen, Pantry, Aufenthalts- und Pausenräume

Platz 2: Werks-Kantine – so vorhanden

Platz Nr 1: Produktionsbereich und Service

In den Produktionsbereichen von industriellen Investitionsgütern wird das umgesetzt, was die prozessual vorgelagerten Abteilungen „verzapft" haben und die Inbetriebnahme-Ingenieure zum Laufen bringen müssen. So weit, so bekannt.

Zugleich sind die Produktionsbereiche allerdings auch eine wahre Erfahrungs- und Wissens-Goldgrube. Dort verbirgt sich oft nicht „nur" viel Verbesserungspotential, sondern zudem viele äußerst wichtige Informationen zum Erlernen zahlreicher Ursachen und Gründe für Fehlentwicklungen, falsche Vorgaben, mangelhafte Abläufe, unzureichenden Informationsfluss usw. - und jetzt kommt die Supersonderüberraschung:

Wenn Sie einigermaßen verstehen, warum in diesem Bereich was passiert und welche Herausforderungen die Menschen dort haben, wenn Sie es schaffen, dass diese dort beschäftigten Menschen Ihnen ihr Herz ausschütten und aus dem Nähkästchen plaudern – Gratulation! Dann haben oder werden Sie mindestens 50% der

Ursachen für die schwere Unternehmenskrise erfahren. Ich setze sogar noch einen drauf: Sie werden dort zusätzlich den Großteil der Lösungsansätze erfahren, um die Bewältigung der Krise wesentlich besser voranzubringen. Wie Sie das erreichen? Das verrate ich Ihnen am Ende des Kapitels.

In der Produktion gibt es immer eine oder mehrere Personen, die unschätzbar wertvolle Informationen und Kenntnisse besitzen.

Ein Werkstattmeister, ein Schichtleiter oder auch ein Altmonteur in der Fertigung oder Endmontage, der bereits 15, 20 oder mehr Jahre im Betrieb ist, sich hochgearbeitet hat, besitzt viel Erfahrung und Wissen und wertvolle Kenntnisse über (fast) alle Hintergründe und Abläufe im Betrieb. Er kennt die Stärken und Schwächen der Menschen in allen Unternehmensbereichen.

Wenn ein Meister in der Produktion bereits seine Lehre vor vielen Jahren im Betrieb begonnen hat, kennt er viele Kollegen aus der Produktion, die dort arbeiten oder gearbeitet haben - auch diejenigen, die dann später in einen Bürojob gewechselt sind. Woher er sie so gut kennt? Manchmal muss auf die Schnelle ein Posten im Angestelltenbereich durch jemanden besetzt werden, den man nicht lang einarbeiten und Produktkenntnisse beibringen muss. Andere Gründe sind gesundheitlicher Natur. Wenn ein erfahrener Kollege in der Produktion aus körperlichen Gründen nicht mehr längere Zeit stehen oder nicht mehr sicher arbeiten kann, werden diese Leute mit ihren langjährigen Erfahrungen gerne beispielsweise im Einkauf, im After Sales oder in der Arbeitsvorbereitung eingesetzt.

Dieses unschätzbare Wissen und ihre Erfahrungen werden damit an anderer Stelle im Unternehmen genutzt. Alle traditionsreichen Unternehmen sind sich bewusst darüber, dass die wertvollen Erfahrungen, die diese Menschen mitbringen, nicht an der Uni oder an der Volkshochschule in Abendkursen generiert werden können. Deshalb werden sie so lange wie möglich im Unternehmen gehalten oder an jüngere Kollegen über einen längeren Zeitraum weitergegeben. Dieses Wissen, kombiniert mit den Erfahrungen und einem Gespür für das Unternehmen sind für mich IHVA´s (Intangible High Value Assets). Den Begriff der Intangible Assets kennen Betriebswirtschaftler, jedoch die unfassbar großen Wissens- und Erfahrungsschätze in den Köpfen der Erfahrungsträger können sie nicht bewerten und bilanziell abbilden.

Alte – oder manchmal nicht ganz so alte, doch nicht minder erfahrene – Meister sind sehr angesehen und genießen großen Respekt. Ihr Wort, ihre Meinung hat Gewicht. Dabei sind sie auf den ersten Eindruck sehr zurückhaltend, denn sie haben gelernt, dass es schlau ist, neuen Kollegen oder auch Firmenfremden und Beratern erstmal zuzuhören, sich zunächst einen Eindruck zu verschaffen und dann seeeeeehr vorsichtig in ihrer Wortwahl zu sein. Je nach Temperament werden diese erfahrenen Haudegen nicht oder nur selten, und wenn, dann nur sehr gefiltert und kompakt z.B. in Betriebsversammlungen ihre Meinung sagen. In den Pausenräumen oder in ungestörten Gesprächen in der Spät- oder Nachtschicht oder in Abteilungsgesprächen sprechen sie sich allerdings aus und sind überaus starke, meist unterschätzte Meinungsführer und –bildner.

In allen meinen Mandantenunternehmen hatte ich das Riesenglück, mehrere dieser „Graurücken" anfinden und sprechen zu können. Sie kennen die gesamte Historie und den Werdegang des Unternehmens und vieler Mitarbeiter. Daher ist ihnen bewusst, dass es früher nicht immer besser, aber anders, weniger komplex und verlässlicher war. Wie erwähnt kennen sie jeden Winkel in den Produktionsstätten, jedes Versteck, jede lose Fliese und viele Kollegen/Innen, die in andere Abteilungen versetzt wurden, genauso gut wie deren Familie oder Freunde. Sie kennen die Familienkonstellationen anderer langjähriger Beschäftigter und deren private Herausforderungen. Sie haben bereits viele Berater gesehen und gesprochen - und oft aus ihren Erfahrungen keine allzu guten Erinnerungen daran behalten. In vielen Jahren haben sie ein Gespür für Ehrlichkeit und Authentizität entwickelt und fühlen sich zumeist unwohl, mit einem „Externen" im angeregten Gespräch gesehen oder gar beobachtet zu werden. Zudem fühlen sie sich verantwortlich für alles und Jeden in ihrem Bereich und sind mit ganzem Herzblut „die Mutter der Kompanie".

Wie kommen Sie nun an solche Menschen heran?

Wenn Sie darauf aus sind, mit möglichst wenig Aufwand und Energie an diesen so wichtigen Menschen und seine Informationen heranzukommen, werden Sie scheitern. Wenn sie versuchen, ihn nüchtern und rational auszufragen, ohne sich wirklich für ihn und „seine" Leute zu interessieren, werden sie zwar auf einen schlauen, scheinbar offenherzigen Menschen treffen, jedoch nur scheinbar.

Denn er wird Ihnen viel erzählen - aber wenig sagen. Er wird einen sehr hilfreichen Eindruck machen und Ihnen zusichern, Sie nach bestem

Wissen zu unterstützen – aber das Gegenteil kann der Fall sein. Er wird Ihnen durchaus hilfreiche Anregungen und Tipps geben und – insbesondere, wenn Arbeitsplätze gefährdet sind – Informationen vorlegen, die Ihnen Ihre Arbeit gar erschweren. Und mal ganz ehrlich: Das würde doch jeder verantwortungsbewusste „Vater" tun. Die Wichtigkeit eines jeden einzelnen Mitarbeiters betonen, um möglichst wenige Kollegen ans Messer zu liefern, denn jeden entlassenen Kollegen empfindet er als Niederlage. Wenn „alles vor die Hunde geht", dann kann er sich durch diese Vorgehensweise einreden, er habe alles gegeben, um die Katastrophe abzuwenden und den „Schlipsträgern" das Leben schwer zu machen. Ich weiß, beim Lesen dieser Zeilen werden einige von Ihnen den Kopf schütteln, jedoch ist genau dies meine Beobachtung aus drei Jahrzehnten. Achten Sie bei nächster Gelegenheit einmal darauf und bewerten Sie selbst.

Anmerkung: Ich bin der festen Überzeugung, dass es mit reinem Job-Idealismus kaum möglich ist, an die erfahrenen Meister in Gänze heranzukommen. Ich füge hinzu: Und das ist gut so!!!!

Denn diese Unnahbarkeit, sei sie nun offensichtlich oder eher versteckt, bringt Führungskräfte dazu, sich stärker anzustrengen und wirklich, ehrliche Mühe zu geben, die Krise bestmöglich – und nicht einfach nur so „im Rahmen des gerade Möglichen " – zu meistern. Ich persönlich mag diese fordernden Situationen. Ich mag es, notleidende Unternehmen wirklich zu retten – und zwar nicht nur, weil ich dafür Honorar erhalte, sondern um den Menschen in diesen Unternehmen wirklich eine positive Perspektive zu erarbeiten und deren spezielles, wertvolles Wissen sowie das Unternehmen langfristig zu erhalten.

Darum ist ein Ziel bei Veränderungsprojekten, dass es möglichst wenig Opfer und möglichst viele Gewinner gibt. Gewinner, die mit intrinsischer Motivation, Offenheit und Erfolgswillen bereit sind, sich zu entwickeln und sich und das Unternehmen zum Erfolg treiben wollen. Krise bereitet keinen Spaß, sondern Sorgen und Schmerzen. ERFOLG macht Spaß und Freude - und Spaß und Freude wünscht sich doch jeder Mensch.

Voraussetzung dafür ist - Vertrauen – und das kann man bekanntlich nicht am Kiosk kaufen oder online bestellen.

Da Sie nun wissen, wie die meisten älteren Produktionsleiter, Werkstattmeister, Schichtleiter (im weiteren „Meister" genannt) ticken, verstehen Sie, dass es gut und richtig ist, vertrauenswürdig und ehrlich zu sein. Bitte verwechseln Sie das nicht mit sich vertrauenswürdig *verhalten*. Ich habe bewusst vertrauenswürdig und ehrlich *SEIN* geschrieben.

Dieses Vertrauen wird mit Ehrlichkeit, Offenheit und wahrer Empathie verdient und nicht damit, etwas vorzugeben, was Sie nicht sind. Wenn Sie meinen, dass Sie ein guter Redner und Schauspieler sind, sollten Sie diese Talente nicht unbedingt bei der Krisenbewältigung von Unternehmen nutzen – das ist nicht nachhaltig und der Schuss geht häufig nach hinten los.

Ich möchte, nein, ich gehe sogar weiter, ich **muss** also stets die Meister und „Altmonteure" dazu gewinnen, dass sie die wichtigen Informationen und Kenntnisse mit mir teilen, um das Unternehmen insgesamt zügig wieder erfolgreich aufzustellen. Und genau das empfehle ich auch Ihnen. Dazu stelle ich mich den Meistern oder Schichtleitern bei Beginn eines Mandats in der Kantine oder während stressfreier Phasen in der Produktion vor und mache kurz (!) ein wenig Smalltalk. Mich interessiert dabei vor allem, wie lange die Meister schon im Unternehmen sind, welche Hobbies sie haben und, je nach Sympathie, wie ihre familiären Verhältnisse sind. **Betriebliche Dinge haben in diesem ersten Gespräch nichts verloren!** Stellen Sie stattdessen unverfängliche Fragen, die Interesse an der Person zeigen, nicht mehr und nicht weniger. Das sind recht kurze Gespräche. Es darf auf keinen Fall der Eindruck entstehen, dass ich versuche, mich anzubiedern oder ein Plappermaul bin. Wenn ich merke, dass mein Gegenüber mich ausfragen möchte, schaue ich kurz auf die Uhr, sage beispielsweise, ich müsse leider los und dass ich gerne bald wieder mit ihm sprechen möchte, da ich seine Meinung zu einigen Dingen sehr schätze und unbedingt erfahren möchte.

Nach diesem ersten Gespräch lasse ich mich des Öfteren unangemeldet in Spät- oder Nachtschicht blicken. Wenn kein Meister da ist, haben Sie die Gelegenheit, sich selbst ein Bild über Materialfluss, Arbeitsschritte und -abfolgen, Bearbeitung, Ordnung und Sauberkeit etc. zu machen. Fragen Sie auch die Arbeiter vor Ort, wenn sie gerade Luft haben, beispielsweise nach der oder den größten Schwierigkeiten oder Herausforderungen bei ihrem Tun. Nerven Sie die Leute aber nicht, indem Sie zu sehr ins Detail gehen. Stattdessen fragen Sie kurz, hören gut zu, bedanken sich und gehen weiter.

Da sich „Weißkittel" und „Schlipsträger" selten des Nachts in der Produktion herumtreiben, hat es sich spätestens am nächsten Tag in der ganzen Firma herumgesprochen, dass Sie spät oder mitten in der Nacht in der Produktion waren. Erst recht, wenn das wöchentlich oder 14-tägig erfolgt. Das wird als offensichtlicher Hinweis für wahres Interesse und Engagement gewertet.

Wenn ein Meister oder erfahrener Schichtleiter anwesend ist und es die Situation erlaubt, bitten Sie ihn, dass er Ihnen die Produktion oder Teile davon zeigt. Beim dritten oder vierten Gespräch können Sie sich mehr Zeit lassen für ein eingehendes Gespräch, wenn es die Möglichkeit und der Zeitpunkt hergibt. Bis dahin haben Sie bereits einige Dinge und Abläufe in der Produktion durchdrungen und können nun qualifizierte Fragen stellen. Das beweist dem Meister Kompetenz sowie wahres Interesse und er öffnet sich. Wenn es mehrere Meister-Stakeholder gibt, achten Sie darauf, dass Sie ehrlich bleiben. Die Leute - nicht nur in der Produktion - unterhalten sich, tauschen sich aus und sind äußerst vorsichtig. Wenn ihr interner Austausch zur Folge hat, dass Ihre Authentizität und Ihr ehrliches Interesse am Unternehmen und den Menschen angezweifelt werden, dann wird es sehr anstrengend und langwierig, diesen Eindruck zu widerlegen. Die Meister „riechen" Heuchelei und vorgeschobene Motivation förmlich. Darum: Bleiben Sie ehrlich, erzählen Sie keine unwahren Geschichten oder klopfen irgendwelche netten Sprüche, ohne es ehrlich und gut zu meinen.

Doch was, wenn Sie eine gewisse Nähe gewonnen haben, jedoch immer noch das Gefühl haben, dass der Meister sich nicht so richtig öffnen möchte? Dann empfehle ich Ihnen unbedingt herauszufinden, was den oder die Meister *wirklich* umtreibt.

Dazu wieder eine wahre Geschichte, wie ich interessanten Einblicke und Ursachen für mehrere Probleme erhielt, derer ich mir bis dato gar nicht bewusst war:

Ich erhielt den Auftrag, einen mittelständischen Maschinen- und Anlagenbauer zu restrukturieren. Es handelte sich um ein traditionsreiches Unternehmen, gegründet Anfang der 1950er Jahre. Das Unternehmen wuchs schnell, war sehr erfolgreich und hatte zu seinen besten Zeiten mehr als 700 Mitarbeiter auf Basis eines relativ unstrukturierten, aber erfolgreichen Wachstums innerhalb von drei Jahrzehnten. Die Reputation war hervorragend, Probleme wurden immer zur Chefsache erklärt und umgehend im Kundensinne gelöst. Der Gründer war der Dreh- und Angelpunkt der Firma.

Als dieser Gründer schwer erkrankte und schließlich verstarb, konnten seine Nachfolger diese große Lücke nicht schließen und der langjährige Niedergang des Vorzeigeunternehmens begann. Seitens der Gesellschafter wurden Berater hinzugezogen, Geschäftsführer ausgetauscht und es wurde umstrukturiert. Jedoch waren alle Anstrengungen weder erfolgreich noch nachhaltig. So ging der schleichende Niedergang über viele Jahre weiter. Der finanzielle Speck der Jahrzehnte war irgendwann aufgebraucht, der ehemalige Stolz der Belegschaft wich Sorgen und Ängsten. Regelmäßig mussten Mitarbeiter entlassen werden. Die Banken drohten schließlich mit dem Entzug ihrer weiteren Unterstützung und initiierten ihrerseits Berater ins Haus zur Erstellung eines Sanierungsgutachtens samt Fortführungsprognose.

Kurz vor der Insolvenz wurde das Unternehmen von einer größeren Organisation erworben, die ein Sanierungskonzept erarbeitete. Und hier kam ich ins Spiel.

Bereits an meinem ersten Tag vor Ort war mir bewusst, dass hier ein ziemlich dickes Brett zu bohren war.

Die Menschen im Unternehmen - vom Produktionshelfer bis hin zur Führungskraft - hatten eine – so wie ich es nenne – *Looser-Mentalität* entwickelt. D. h., sie hatten alle Hoffnung verloren, waren nicht mehr aufgeregt, wütend oder gar laut, empört oder traurig. Sie hatten schon mehrere externe Dienstleister erlebt, deren Versprechen und Zusagen sich nie erfüllten. Insofern waren die Leute verschlossen, frustriert und sahen keine Perspektive mehr.

Jeden Mittag aß ich in der Kantine und saß täglich an einem anderen Tisch. Die Menschen aßen still vor sich hin, in der Kantine ging es sehr ruhig zu. Ich verspürte keinerlei Aufbäumen mehr gegen das Schicksal, das dem Unternehmen und den Mitarbeitern drohte. Die Menschen hatten sich ihrem Schicksal ergeben und warteten auf den Untergang.

Aus den Gesprächen, die ich trotz der Atmosphäre in der Kantine still und ruhig führen konnte, erfuhr ich weitere Gründe für das Verhalten der Belegschaft.

Die Mitarbeiter waren überzeugt, dass die neuen Eigentümer nur bezweckte, den Namen, die Markenrechte und das gesamte Firmen-Know-How abzugreifen, ohne das Unternehmen weiter betreiben zu wollen. Die landläufige Meinung war, dass nur ein paar Experten ihren Job behalten würden. In wenigen Monaten würde das Unternehmen dann gänzlich verschwinden. Bis dahin würde der neue Eigentümer den Anschein aufrechterhalten, das Unternehmen retten zu wollen, um währenddessen stetig weitere Scheiben abzuschneiden und Wissen abzugreifen. Die Belegschaft war überzeugt, dass die Argumente bereits bereit liegen, um diese Verschrumpfung zu nach Innen und nach außen zu „verkaufen". Man war sich sicher, dass der neue Eigner nur das Leiden der Menschen verlängern und auf die komplette Schließung des Unternehmens hinarbeiten würde.

Das Misstrauen war groß, alle Informationen und Mut machenden, positiven Mitteilungen des neuen Gesellschafters wurden per se angezweifelt.

Nach ca. drei Wochen hatte ich aus zahlreichen Gesprächen und Beobachtungen ausreichend Informationen gesammelt, eine reelle Lösung erdacht und eine schlagkräftige Mannschaft motiviert. Gemeinsam mit dem Führungsteam, dem Betriebsrat, den "Graurücken" und wichtigem Schlüsselpersonal wurde ein neues Sanierungskonzept einschließlich nachvollziehbarer Strategie, Portfolioentwicklung und Umsetzungsplanung erarbeitet und den Gesellschaftern vorgestellt, die schließlich dieses Konzept samt Zeitplan und Budget positiv beschieden.

Bereits wenige Tage später wurde im Rahmen einer Belegschaftsversammlung das Konzept samt Zeitplan vorgestellt. Eine wunderbare, spannende Möglichkeit, den Schalter in den meisten Köpfen der Belegschaft umzulegen. Das war die Gelegenheit, den

Menschen wieder Mut zu machen und "mitzunehmen". Innerhalb von 20 Minuten wandelte sich die Looser-Aura in eine positive Stimmung. Mit einem schlauen Zitat zu Anfang, einer positiven Grundstimmung, etwas Heiterem, der Überschrift „Es gibt eine gute Nachricht", offenen Worte und einem klaren Plan. Es gab also endlich eine nachvollziehbare Chance, eine greifbare PERSPEKTIVE für das Unternehmen und die Mitarbeitenden!!! Allerdings war dies nicht nur ein Ergebnis einer Ansprache des neuen Geschäftsführers. Die Stimmungsmache und der Aufbau einer positiven Erwartungshaltung erfolgte in bereits im Vorfeld der Belegschaftsversammlung mithilfe aller Personen, die an der Erarbeitung der Konzeption beteiligt waren. Sie kamen als Meinungsmacher ebenfalls bei dem Event zu Wort im Rahmen eines Q&A..

Ab diesem Zeitpunkt ging ein Ruck durch die Firma. Der Glaube an eine positive Zukunft brachte den Berg in Bewegung. Die Quick Wins wurden zeitnah gehoben und alle Erfolge und positiven Entwicklungen umgehend an die Mitarbeiter kommuniziert. Verbesserungen, positive Änderungen, Verkaufsabschlüsse und Inbetriebnahme-Erfolge mit positiven Kundenfeedbacks wurden – in überschaubarem Rahmen – gefeiert, Gesellschafter und der Betriebsratsvorsitz immer vorab über Details unterrichtet und auf dem Laufenden gehalten. Langsam nahm das Projekt „Unternehmens-Transformation" an Fahrt auf. Die Menschen wurden offener und manch ein Kollege kam nach Jahren zum ersten Mal wieder pfeifend und gut gelaunt zur Arbeit. (Übrigens ein absolut schöner und motivierender Lohn für mich persönlich.) Bis dahin verlief also alles so, wie es alle gelernt haben und praktizieren. Das war zwar arbeitsreich aber noch nicht wirklich extrem kompliziert.

Nun zahlten sich meine nächtlichen Besuche in den Produktionsgebäuden aus. Die Meister wurden offener und ich erfuhr viele wichtige Dinge, die mich weiterbrachten. Viele – aber noch nicht alle. Ich merkte, dass einige dieser alten Haudegen noch wichtige Details hinterm Berg hielten.

Der "Altmeister" – nennen wir ihn Hermann - war noch enorm skeptisch. Er war eine anerkannte, absolute Respektsperson im Unternehmen und eine wahre Vaterfigur - rau aber herzlich. Seine Ansprache war immer direkt, gleichzeitig aber verhielt er sich im Umgang mit seinen Mitarbeitern sorgsam, aufmerksam und fordernd, hatte aber auch stets eine offene Tür für alle Sorgen - innerhalb und außerhalb der Firma. Es dauerte noch eine ganze Weile, bis Hermann mir gegenüber offenherziger wurde.

Mir waren mehrere Stellen in der Produktion aufgefallen, wo mir der Materialfluss umständlich erschien. An anderer Stelle kamen mir Zwischenschritte in der Teilebearbeitung nicht sinnhaft vor. Bei einem meiner Rundgänge in der Produktion brachte ich Hermann einen Kaffee mit (schwarz, zwei Stück Zucker - und glauben Sie mir, solche Details zu wissen, kann einen himmelweiten Unterschied machen) und sprach ihn auf meine Beobachtungen an.

Er sagte, dass ihm diese Probleme bereits lange bekannt seien, den Kohl nun aber auch nicht mehr fett machen würde. Außerdem hatten "schlaue Berater" die Vorgehensweise so festgelegt und die würden ja gut dafür bezahlt, um zu wissen, wie alles richtig geht. Er sagte das, vermutlich können Sie es sich denken, mit einer gehörigen Portion Sarkasmus in der Stimme. Es war zum Zeitpunkt dieses Gespräches eine halbe Stunde vor Ende der Spätschicht. Ich fragte ihn also, wie es ihm ginge und schaute ihm dabei in die Augen. Er antwortete: „Soweit gut, warum fragen Sie?" Erst am Nachmittag hatte ich ihm unter vier Augen eröffnet, dass ich nicht alle Kollegen in der Produktion in die neue Zukunft mitnehmen könne und ich wollte wissen, wie er diese Nachricht aufgenommen hatte. Ich antwortete ihm: „Weil ich *wirklich* wissen möchte, wie es Ihnen geht – nicht einfach nur so dahingesagt. Mich wurmt meine Aussage von heute Nachmittag und ich frage mich, ob Sie noch ein paar Ideen haben, um den Laden noch besser und schneller für die Zukunft vorzubereiten – und wie wir möglichst viele Menschen samt ihrer Erfahrung und ihrem Engagement in diese Zukunft mitnehmen können. Manch einem hier steht eine unsichere Zukunft bevor und die Familien leiden mit." Es entstand kurz Stille, dann stand er auf und bat mich, in 20 Minuten wieder da zu sein. Er wolle nun seine Kontrollrunde gehen sowie die Übergabe an den nächsten Schichtführer weitergeben.

Danach rief er kurz zuhause an, dass er sich verspäten würde. In den folgenden drei Stunden erzählte er mir dann absolut hilfreiche Hintergründe, erläuterte mir Zusammenhänge, gab mir unsagbar viele Informationen und wertvolle Tipps. Meine Notizen ergaben so zahlreiche weitere Lösungsansätze. Das Gespräch war wie eine Schatzkiste und so viele Ansätze hätten vermutlich 100 Berater in sechs Monaten nicht zusammenbekommen. Na ja, vielleicht ein wenig übertrieben... ;-)

Ich versprach ihm, vertraulich und vernünftig mit den vielen Informationen umzugehen. Abschließend bat ich ihn um seine Hilfe im Produktionsbereich. Er wisse doch besser, wie es richtig(er) geht.

Nachdem er sich nochmals über die Berater ausgelassen hatte, fragte ich ihn, ob das Vorschlagswesen ihn und andere nicht hatte motivieren können, Verbesserungen zu dokumentieren, umzusetzen und eine fette Prämie zu kassieren. (Ich konnte mir die Antwort schon denken, wollte sie aber trotzdem aus seinem Mund hören.) Er erklärte mir, dass das Betriebliche Vorschlagswesen in den vergangenen Jahren mit den Mitarbeitern, Betriebsrat und mit Hilfe von Moderatoren erarbeitet und weiterentwickelt worden war. Es wurden sogar Ideenbriefkästen installiert. So weit, so gut. Nur die Umsetzung der gesamten Theorien, das Leben fehlte. Die Mitarbeiter verstanden das komplizierte Regelwerk nicht in Gänze und schoben vor, sie hätten „keine Zeit und anderes zu tun" und so blieben nach kurzer Zeit die Verbesserungsvorschläge aus und die Briefkästen leer. Die eingegangenen guten Vorschläge wurden nicht umgesetzt oder von Beratern „geklaut" und als eigene Ideen verkauft. Oder es kam noch schlimmer für die Einreicher und es gab überhaupt keine Rückmeldung. Zahlreiche gute Ideen „für die Katz".

Außerdem ginge es den wenigsten um irgendwelche Prämien. Einen großen Teil des Geldes bekäme sowieso das Finanzamt und dann habe man sich noch für die Umsetzung verpflichtet. „Nee nee, dann lieber die Katastrophe abwarten, nicht negativ auffallen, ab und zu einen positiven Eindruck machen und pünktlich zum Feierabend abstempeln", das zumindest war das Fazit der meisten Mitarbeitenden. Auch die Aussicht auf eine noch so hohe Prämie wurde von den Sorgen um die Zukunft des Arbeitsplatzes verdeckt und war nicht wirklich motivierend. Stattdessen wäre Involvierung, Zuhören und Respekt ein guter Gedanke gewesen, um die Leute mitzureißen.

Ich fragte ihn abschließend, ob er die Projekte in der Produktion selbst leiten und die Umsetzung koordinieren wolle, wenn er die volle Rückendeckung seitens der Unternehmensleitung und des BR hätte. Wir beide würden die Projekte gemeinsam planen und er hätte nach Genehmigung den Hut auf und würde umsetzen. Bei Hindernissen gäbe es einen direkten Draht zum Chef. Er sagte zu und reichte mir die Hand – und ich wusste, dass es gut war...

Danach fragte ich ihn nochmals nach seinem Befinden und bat um ehrliche Antwort. Er sagte: „Müde aber gut." Ich versprach ihm, dass ich mir etwas Kreatives einfallen lassen würde, um ihn für seine Vorschläge und Ideen zu danken. Es war inzwischen halb zwei Uhr nachts, trotzdem arbeitete mein Kopf vor Freude auf Hochtouren und mir kam ein guter Gedanke nach dem anderen.

Das Ergebnis des Gespräches kristallisierte sich schnell heraus: Innerhalb kurzer Zeit war alles vorbereitet, weitere Mitarbeiter wurden in der Lösungsfindung involviert, bauliche Veränderungen geklärt, die Projekte budgetiert, Kapazitäten geplant, Produktion unter Verhinderung von Lieferverzug für die Kunden geplant und von Gesellschafter und BR abgesegnet.

Nun konnte es bald losgehen, doch die Vorbereitungen dauerten noch eine gewisse Zeit. Diese Zeit wurde natürlich genutzt: Das Vorschlagswesen wurde innerhalb weniger Tage mit aktiver Beteiligung des BR korrigiert und die Prämiengestaltung flexibler formuliert.

Sie können sich kaum vorstellen, was dann bei der Umsetzung aller dieser Maßnahmen mit der Belegschaft passierte. Die Änderungsarbeiten in der Produktion waren sicht- UND hörbar. Was für eine Freude für alle Beteiligten - mich inklusive. Alle anderen Projekte wurden plangemäß angestoßen und umgesetzt, jeder hatte nun Energie, wie lange nicht mehr und ich musste darauf achten, nicht *zu* schnell vorzugehen oder das Steuerungs-Komitee zu überfordern.

Es wurde in den kommenden Wochen richtig anstrengend, doch alle zogen an einem Strang. Die Freude, die entstanden war, wurde „nur" durch die notwendigen Entlassungen und das Ende der ein oder anderen „schlechten Angewohnheit" oder Abschaffung einiger nicht-hilfreicher Traditionen getrübt. Ohne Hermann und das wertvolle Gespräch mit ihm wäre der Wandel in der Produktion nie und nimmer so gut, so schnell und deutlich unter Budget realisiert worden.

Nach Abschluss der Arbeiten bestätigten sich die guten Prognosen und es wurde nun Zeit, „unserem" Hermann und seiner Frau Dankbarkeit und Wertschätzung zu zeigen. Er hatte mir zwischendurch immer wieder das Zeichen gegeben, dass er lange Jahre glücklich verheiratet sei und seine Frau sich in den vielen Jahren sehr oft so viele unschöne Geschichten, Sorgen und Ärger hatte anhören, seinen Unmut ertragen und auch ganze Wochenenden mit seine schlechter Laune hat durchstehen müssen.

Hermann wurde schließlich mit seiner Frau zu einem schönen, extravaganten Wochenende eingeladen, mit allem Drum und Dran. Eine Flasche guter Wein wartete im Zimmer eines Wellnesshotels, flankiert von einem persönlichen Dankschreiben an die Gattin als wertschätzende Kompensation für viele Jahre miterlebter Sorgen und geteiltem Leid.

In einem späteren persönlichen Gespräch bestätigte sich, dass die Dankbarkeit für diese Wertschätzung der beiden wesentlich größer war, als es eine reine Geldprämie hätte erreichen können.

Anmerkung: Diese besondere Aufmerksamkeit wurde natürlich zuvor mit dem Betriebsrat abgestimmt und smart kommuniziert, damit kein Neid entsteht, oder irgendjemand die Aktion in den falschen Hals bekommt oder missversteht. Auch die steuerlichen Aspekte wurden gesetzeskonform umgesetzt. Ja, das bedeutete etwas mehr Aufwand als ein paar Euro zu überweisen, der sich jedoch auszahlte, weil dieser Aufwand eine zuvor frustrierte Schlüsselperson zu einer positiv gestimmten, wieder proaktiv engagierten Führungskraft transformierte.

Übrigens: Auch Jahre nach meinem Mandatsende bin ich mit Hermann immer noch in Kontakt und ich freue mich immer wieder, zu hören, dass sich die Veränderungen in der Produktion des Unternehmens bis zum heutigen Tag auszahlen.

Praxistipps:

Eine Frage im Wandel ist, wie stark man die Belegschaft mit dem Wandel belasten kann. Was ist die richtige „Pace“, die richtige Geschwindigkeit? Wie schnell sollen wie viele Projekte zeitgleich in welchen Bereichen bearbeitet werden?

Nach Identifizierung der Projekte erfolgen die Festlegung der Reihenfolge und die Aufstellung der Projektorganisation(en).

Eine Annäherungsformel für diese Geschwindigkeit möchte ich Ihnen hierfür an die Hand geben:

$vmax = V*K*F*M^2$

Die maximale Pace ist eine Funktion, welche abhängig ist von

V= Vorbereitung
K=Kapazität
F=Führungskräfte/Projektleiterqualität und der
M=Motivation aller Stakeholder zum Quadrat.

Die Motivation ist also der stärkste wirksame Trigger.

Wenn die Organisation mit der Pace überfordert ist, merken Sie das recht schnell. Dazu empfehle ich unregelmäßige, spontane, kurze Gespräche mit den Stakeholdern. Dabei bemerken Sie sehr schnell und sehr früh jedwede aufkeimende Unzufriedenheit.

Nun ein Hinweis zur Kapazitätsplanung in der Produktion, insbesondere der Endmontage während des Wandels. Während ein nicht unerheblicher Teil der Belegschaft sich zusätzlich zum Tagesgeschäft mit den Wandelprojekten beschäftigt, kann es in der Produktion – gerade bei Umbauten und Änderung des Materialflusses – zu Kapazitätsüberschüssen kommen. Bitte achten Sie auf Disziplin und Konsequenz bei der Kapazitätsplanung. Es ist ein bekanntes Phänomen, dass sich die Fehler und Unaufmerksamkeiten stark häufen, wenn die Mitarbeiter in der Fertigung und Montage **zu viel** Zeit für Ihre Arbeiten haben. Das führt zu teuren Reklamationen und Nacharbeiten. Die Stückkosten steigen parallel zu den Bearbeitungszeiten.

Jetzt werden manche Arbeiter und Gewerkschaftsmitglieder sauer auf mich sein, wenn sie lesen, dass ich behaupte: Nur wenn die Produktion bei ca. 110% geplant wird, funktioniert sie. Über 130% Auslastung führt zu Stress, den man nur kurz aushält. Das ist also als mittel- und langfristige Zielsetzung unsinnig. Eine Auslastung unter 90 % ist absolut zu vermeiden. Meine Empfehlung: Gehen Sie in unregelmäßigen Abständen und unterschiedliche Zeiten durch die Produktion und Sie werden bald „riechen" können, ob die Auslastung stimmt und ob die Leute konzentriert arbeiten – gerade, wenn Ihr "Hermann" erkrankt ist oder sich im Urlaub befindet. Natürlich können Sie ab und zu getäuscht werden, jedoch nicht auf Dauer. Dafür unterhalten sich die Menschen zu gern...

Dazu folgende Begebenheit:

Ich werde nie vergessen, wie ein anfänglich sehr profitabler Anlagenauftrag zur kontinuierlichen Herstellung eines zähflüssigen Produkts in Asien sich in ein defizitäres Projekt wandelte. Was war passiert? Die Lieferzeit wurde noch vor der Endmontage kundenseitig um drei Wochen nach hinten geschoben. Die Auslieferung der Anlage war also nicht mehr ganz so dringend. Obwohl die Anlage nun ohne Zeitdruck fertiggestellt werden konnte, wurde es mit der Auslieferung letztendlich doch noch knapp.

Die Anlage wurde ausgeliefert, beim Kunden montiert und in Betrieb genommen, jedoch: Sie funktionierte einfach nicht. Niemand konnte sich das erklären. Es musste eine der vielen Bypassleitungen verstopft sein, die jedoch allesamt „nur" Wasser führten Nach viel Ärger, Produktionsausfall, Reisen, Schreiben, Drohungen etc. (dazu später mehr) wurde ein erheblicher Teil der Anlage demontiert und schließlich komplett auseinandergenommen.

Ergebnis: Es wurde offensichtlich versäumt, bei der Montage einer Komponente im Heimatwerk eine Schutzfolie zwischen zwei Flanschen abzuziehen. Die Ursache: Unaufmerksamkeit. Weil es letztlich doch schnell gehen musste, wurde die Anlage vor Auslieferung nicht umfänglich getestet. Man dachte, dieses Risiko könne man eingehen, da dieser Anlagentyp bereits mehrfach gebaut wurde. Wenn Menschen „zu viel Zeit haben", lassen sie sich gern ablenken, verlieren den Fokus und die Konzentration.

Die Folge: Die Verzugspönale und Reklamationskosten inklusive Reisekosten etc. fraßen die gesamte Profitmarge und den Großteil des Deckungsbeitrages auf. Aus einem profitablen Auftrag wurde ein Minusgeschäft, und das „nur" wegen Unkonzentriertheit bei der Endmontage und einer ausgelassenen Anlagenabnahme vor Lieferung. Das schmerzte das Unternehmen sehr – darum: Seien Sie aufmerksam. Aufmerksamere Kapazitätsauslastung und Aufsicht hätte dieses teure Missgeschick verhindern können. Mich ärgert diese Unaufmerksamkeit noch heute und eine solche Nachlässigkeit passiert mir nicht nochmal – und Ihnen nun hoffentlich auch nicht (mehr).

Fazit: In der Produktion finden Sie einen großen Teil der Ursachen, der Auswirkungen und überaus zahlreiche und wichtige Hinweise auf Lösungsansätze bei einer Krise in einem produzierenden Maschinenbauunternehmen. Die erfahrenen „Graurücken" sind dabei eine überaus wichtige Informationsquelle und sehr wertvolle Motoren für die notwendigen Veränderungen.

> *Praxistipp 1:*
> *Vergessen Sie zudem auf keinen Fall, sich ausgiebig mit Inbetriebnahme-Ingenieuren, Außendienstmonteuren und Servicetechnikern zu unterhalten. Wenn Sie sich diesen Personen ehrlich interessiert zuwenden, werden sie Ihnen viele Schwächen und Verbesserungspotentiale verraten – wenn sie Ihnen diese denn verraten wollen. Auch hier ist Fingerspitzengefühl angesagt. Diese Menschen geben recht ungern ihre Geheimnisse und technischen Lösungen weiter, um ihre Unersetzlichkeit zu bewahren – und das sind sie auch oft. Also auch hier ehrlich und authentisch bleiben und nie das Gefühl des "ausgefragt werdens" aufkommen lassen.*

Praxistipp 2:

Knöpfen Sie sich recht früh in Ihrem Mandat auch das Thema Betriebliches Verbesserungs-Vorschlagswesen vor. Wenn das Vorschlagswesen funktioniert und gut moderiert wird, ist es eine wahre Goldgrube. Niemand kennt das Unternehmen und die Potentiale so gut, wie die Menschen, den in diesem Unternehmen tagtäglich und über teils lange Jahre arbeiten.

Wenn Sie motivierte Mitarbeiter bei den Lösungen involvieren, steigen die Chancen eine Unternehmenskrise erfolgreich zu meistern,um ein Vielfaches.

Seien Sie kreativ beim Thema Prämien. Dabei geht es – insbesondere nach langem Leiden – nicht „nur" um Geldprämien, sondern vielmehr um Anerkennung und Wertschätzung. Wahre Wunder wirkt es oft, wenn sie die Lebenspartner in die Anerkennungsprämie mit einbeziehen und ein richtiges Event daraus machen oder den Ideengebern einen besonderen Wunsch erfüllen. Der Aufwand auf steuerlicher und organisatorischer Ebene amortisiert sich umgehend.

Betten Sie (nicht nur) dieses Vorschlagswesen in ein System für Talentförderung, Innovations- und Ideen-Findung ein. Lassen Sie hier dem Betriebsrat ein großes Stück des Feldes. Er darf sich dann gern den Orden auf die Brust setzen, wenn die Lösung erfolgreich ist.

Praxistipp 3:
Unternehmen Sie einen Rundgang in der Produktion und fragen mehrere Mitarbeiter z.B. in der Fertigung oder in der Endmontage, wie oft es vorkommt, dass Einkaufteile oder Teile aus vorigem Prozess nachgearbeitet oder angepasst werden müssen. Wenn dies nicht der Fall ist, prima.

In einigen Fällen wird auf diese Frage vermutlich jedoch mit Augenrollen reagiert. Dann haben Sie einen weiteren Ansatzpunkt zu einer deutlichen Verbesserung der Zeit- und Kostenstruktur gefunden. In dem Fall werden Sie meist feststellen, dass die Info, dass die Teile/Artikel/Komponenten nicht passen, bereits mehrfach an den Einkauf oder die Kollegen in der Konstruktion weitergegeben wurde. Nur wurde bislang meist nicht reagiert - weder im Einkauf noch in der Eingangskontrolle. Das ist oft ein wunder Punkt, den Sie zeitnah heilen können. Dieser offensichtliche Quick-Win kann ohne großen Aufwand im Nullkommanix mit Menschenverstand und Struktur gehoben werden.

Praxistipp 4
Achten Sie darauf, dass in allen Abteilungen konzentriert gearbeitet wird. Wenn Arbeiten, die in Stoßzeiten z.B. zwei Stunden dauern, plötzlich vier Stunden benötigen...oder anders: Wenn nun vier Stunden für eine Arbeit zur Verfügung stehen, für die man unter etwas Druck und mit entsprechendem Fokus nur zwei Stunden benötigt, dann werden die vier Stunden (aus)genutzt mit mehr Gelassenheit, weniger Konzentration, mehr Ablenkung, weniger Fokus und mehr Fehlern...

ORDNUNG UND SAUBERKEIT

Eine weitere grundsätzliche Empfehlung zum Thema sichtbare Veränderung als Change-Initiator ist: Sorgen Sie für Ordnung und Sauberkeit. Damit meine ich nicht, dass Sie ab sofort den markigen Militaristen herauskehren sollen, der die Belegschaft mit übertriebener Reinlichkeit drangsaliert – nein, ganz bestimmt nicht. Veränderungsprozesse beginnen im Kopf und dazu gehören mit ein paar optischen Veränderungen: eben auch Ordnung, Sauberkeit und Struktur. In einem unübersichtlichen, unaufgeräumten Betrieb mit ungemütlichen, unschönen, unsauberen Ecken ist eine positive Veränderungsinitiative deutlich schwerer umzusetzen. Ja, ich gehe sogar soweit, zu behaupten, dass sie ohne offensichtliche reinliche Ordnung nicht erfolgreich sein kann!

Sicherlich werden mir viele erfahrene Manager und Berater zustimmen, dass eine gewisse Grundordnung und Sauberkeit sehr hilfreich sind, um ein Unternehmen (wieder) auf einen guten oder besseren Weg zu bringen und es dort zu halten oder sogar auszubauen.

Ermuntern Sie also alle Mitarbeiter dazu, ihre Arbeitsplätze im gesamten Unternehmen vor Arbeitsende aufzuräumen und reinlich zu verlassen - und gehen Sie mit gutem Beispiel voran!. Werkzeuge, Arbeits- und Hilfsmittel sind an ihrem festen Platz sauber zu lagern, so dass sie in der nächsten Schicht oder am nächsten Tag ohne Vorarbeit genutzt werden können.

Wenn diese Ordnung und Vorgabe zuvor noch nicht praktiziert wurde, dann ist diese Art von Veränderungen umgehend sichtbar und unterstützt nicht nur ein schnelles Auffinden aller Arbeitsmittel, sondern ebenfalls die notwendige mentale Änderungsbereitschaft. Darüber hinaus bewerte ich Ordnung und Sauberkeit als unverzichtbaren Teil der persönlichen Sicherheit und der Unfallverhütung.

Das ist für mich ein weiterer Grund, um nach Feierabend oder in der Spät- oder Nachtschicht ab und zu durch den Betrieb zu gehen und mich umzuschauen. (Was mir dabei in den vergangenen Jahrzehnten aufgefallen ist, würde ein weiteres Buch füllen.) Ich achte u.a. auf Hindernisse auf Fluchtwegen, Rutschgefahr durch unsaubere Bodenbereiche, sauberes Werkzeug in sauberer Ordnung, aufgeräumte Schubladen und Regale, lesbare Sicherheitsanweisungen...

Bitte richtig verstehen: Hier geht es nicht um die Reinlichkeit und Sterilität eines Operations-Raums sondern um Struktur, Sauberkeit, Sicherheit und Klarheit im Arbeitsumfeld der Belegschaft/der Teams.

Wer das Outsourcing von Hirnleistungen auf Taschenrechner, Computer, Smartphones etc. übertreibt, darf sich nicht wundern, wenn er – nicht nur beim Ausfall seines Navis – plötzlich ziemlich orientierungslos ist.

Karl Werner Dickhöfer

OUTSOURCING – ANALYSE UND KREATIVITÄT GEFRAGT

Kommen wir nun zu weiteren Maßnahmen, die übrigens nicht ausschließlich in Krisenzeiten zu betrachten sind.

Ziel dieser Art Maßnahmen ist die Kostenreduktion durch Minderung der Fertigungstiefe und Reduzierung der Produktionskomplexität. Eine beliebte Möglichkeit ist das Auslagern und Zukaufen von Produktionsanteilen und Dienstleistungen.

Auch hier müssen wir uns ganz im Klaren sein, was diese Handlung bei einem Maschinenbauunternehmen bedeutet und welche Folgen sie hat. An dieser Klarheit mangelt es jedoch bei vielen Beratern, daher lassen Sie uns zunächst die Begriffsdefinition betrachten.

Outsourcing kommt aus dem englischen Sprachgebrauch und setzt sich aus den Begriffen outside, source und using zusammen. Übersetzt bedeutet es die Nutzung externer Ressourcen bzw. Quellen. Beim Outsourcing werden also beim Unternehmen einzelne

Aufgaben, Teilbereiche oder sogar ganze Geschäftsprozesse an Drittunternehmen ausgelagert.

Soweit, so gut...und bekannt.

Ist uns allen allerdings wirklich bewusst, welch große betriebswirtschaftliche, aber auch prozessuale und operative Folgen und Risiken das Outsourcing von Dienstleistungen und Komponenten auf ein Unternehmen hat? Die jüngsten Krisen mit ihren weltweiten Folgen haben inzwischen die Wertigkeit und die langjährige Sourcing-Praxis in Frage gestellt.

Ich denke wir sind uns einig, dass bereits alle Maschinenbauunternehmen dieses Thema Outsourcing auf dem Radar hatten und haben. Es ergibt Sinn, Dienstleistungen und Produkte, die andere Unternehmen als Kerngeschäft und Expertise besitzen, günstiger einzukaufen, als sie selbst zu produzieren oder im eigenen Unternehmen zu belassen. Jedes Unternehmen konzentriert sich somit auf seine Kernkompetenz - soweit logisch.

Dienstleistungen auszulagern ist stets vom Einzelfall abhängig, daher konzentriere ich mich nachfolgend ausschließlich auf physische Produkte.

Die Durchführungsmöglichkeiten sind bekannt, wie Konsignationslager, Carve In oder Carve Out, Rahmenverträge, Einkaufsgemeinschaften regionaler, „artverwandter" Unternehmen und noch viele weitere Möglichkeiten.

Wenn wir uns nun allerdings mit einem Sanierungsfall beschäftigen, wird das Outsourcing gern bis ÜBER die sinnhafte Schmerzgrenze hinaus ausgereizt. Falsch eingeschätzt werden dabei oft die Nachhaltigkeit und das Risiko. Kurzfristig und betriebswirtschaftlich mag der positive Effekt gut aussehen, jedoch bereits nach relativ kurzer Zeit, oft noch während der Sanierungsphase, kommt das böse Erwachen.

Sie fragen sich jetzt: Wieso Risiko? Wenn das Unternehmen auf einem guten Weg zu sein scheint und wieder erfolgreich ist, dann ist doch alles gut...Einspruch meinerseits!

Bitte bedenken Sie, welche Folgen das Outsourcing nicht nur kurz- sondern auch mittel – und langfristig hat. Es handelt sich also bei einem Für oder Wider Outsourcing um äußerst wichtige, teils strategische Entscheidungen, die nach Durchführung und Umfang nicht „mal eben so" wieder rückgängig gemacht werden können – zumindest nicht ohne recht großen Aufwand. Mir wird in diesem Zusammenhang zu oft in den Unternehmen viel zu kurz gedacht.

Ganz wichtig: Es geht mir hierbei weniger um das „ob" sondern um das „wie"!!!!!

Stellen Sie sich also bitte immer Fragen, wie beispielsweise:

Wie viele Lieferanten muss das Unternehmen haben, um Lieferung und Qualität sicherzustellen? Wie viel Energie braucht es, um reklamationsfreie und pünktliche Lieferung zu sichern? Wie steil ist die Lernkurve des oder der neuen Lieferanten? Wie lange dauert eine Etablierung eines neuen Lieferanten?

Wie wichtig ist diese Komponente? Ist sie Teil der Kernkompetenz? Ist der Artikel ein Teil mit langer Lieferzeit in einer Schlüsselbaugruppe, welche ohne die outgesourcte Komponente nicht funktioniert? Inwiefern verliert das Unternehmen die Kontrolle? Wie sieht es mit Ersatz bei Nichtfunktion/Defekt und notwendigem Austausch aus? In Abhängigkeit davon, wie viele Teile davon müssen zeitnah verfügbar sein und welchen Einfluss hat dies ggfs. auf die Lagerhaltung? Was passiert, wenn ein Lieferant ausfällt?

Ich hoffe, Sie stellen sich immer diese Fragen. Dennoch habe ich bisher bei JEDEM Mandat erlebt, dass sich Berater diese Fragen nicht immer vollumfänglich gestellt haben und somit wichtige Aspekte in der Entscheidungsgrundlage fehlten.

Anmerkung: Es ist ziemlich unbehaglich, wenn Sie als Implementierer merklich von dem Outsourcing-Umfang des Sanierungskonzepts während der Umsetzung abweichen müssen, welches von allen beteiligten Stakeholdern zuvor verabschiedet und genehmigt wurde. Abweichungen müssen sehr gut und nachvollziehbar begründet sein. Dennoch wird es immer unangenehm, wenn ein Beschluss wieder aufgegriffen und neu beschieden werden muss.

Erst Recht seit Corona, einem zeitweilig versperrten Suezkanal in 2021, den Auswirkungen der Null-Covid-Strategie Chinas und der Ukrainekrise haben sich Lieferantenwelt und Lieferketten verändert. Auch hier: Seien Sie bitte kreativ und denken Sie mal „out of the box".

Ich empfehle zudem, weitere Fragen zu stellen – auch wenn sie im ersten Moment etwas übertrieben scheinen. Meine Bitte also: Lesen Sie die Fragen, lassen Sie sie sacken, atmen Sie durch, denken nach und bewerten erst dann, okay? Inwiefern kann das Unternehmen für die outgesourcten Artikel und Dienstleistungen Einkaufskooperationen oder -gemeinschaften nutzen? Können wichtige Artikel mit anderen Maschinenbauunternehmen aus der Region gemeinsam beschafft werden? Ist ein gemeinsames Lager denkbar?

Eine Risikofrage stellt sich jedoch: Was ist, wenn es mal „eng" wird, die Kooperationspartner wesentlich größer sind und eine zukünftige neue Unternehmensführung sich von der Zusagen löst und wieder proaktiv beginnen wird, nur an sich zu denken? Verhandeln Sie immer mit diesem Szenario im Hinterkopf, klug und weitsichtig. Klare Regeln und langfristige Verträge helfen, wenn ein Unternehmensführer oder Einkaufsleiter samt Vertrauen des Kooperationspartners nicht mehr da ist. Wenn das nicht gewollt ist oder im Einzelfall keinen Sinn ergibt – okay. Aber es ist durchaus erlaubt, es anzudenken...Die vorhergehenden Anregungen gelten für alle Einkaufsteile und –komponenten, die NICHT zur Kernkompetenz des Unternehmens gehören. Anders ist es bei Schlüsseltechnologien und Alleinstellungsmerkmalen. Auch hier einige passende Fragen:

Wenn zukünftig extern zugekauft wird, wie aufwändig wird die Eingangs- und Qualitätskontrolle? Wie sieht es bei Mängeln und Reklamationen aus?

Wie kritisch sind die Komponenten im Gesamtkonstrukt der Maschine/ Anlage? Ist es eine Key-Komponente mit eigenem Know-how?

Handelt es sich um eine wichtige Komponente mit eigenem Entwicklungspotential? Wenn ja, ist es evtl. möglich ggfs. F&E in Kooperation mit Universitäten oder Forschungszentren aufzubauen und die Kontrolle im Hause zu behalten? Kann sichergestellt werden, dass kein delikates Know How verloren oder in falsche Hände gerät?

Wie sieht es mit den erforderlichen Fachkräften aus, die bisher diese Komponenten in house bearbeitet/produziert haben? Was ist mit der zugehörigen Infrastruktur? Bildet man selber aus in diesen Bereichen oder ist es „nur" der Artikel, der hergestellt, demnächst zugekauft und dann wieder im eigenen Betrieb veredelt wird?

Fazit: Weil ein Outsourcing schwerlich umkehrbar ist, ist genaues Betrachten der Konsequenzen und viel Kreativität gefragt.

Auch sollten Sie sich dafür interessieren, wie sich der Wettbewerb mit diesen Artikeln versorgt. Eventuell gibt es hier Ideen oder Impulse, die sich lohnen, aufgegriffen zu werden.

Übrigens: Es gibt immer mehr Artikel und Komponenten, die outsourcebar sind, als in Konzepten oder Vorgaben ausgewiesen. Auch da hat die Belegschaft im Bereich Ersatzteilgeschäft, Service und Lager oft gute Vorschläge über die Bestandsanalyse hinaus. Das löst auch „unbekannte Lagerhaltung" auf, also unerfasste Lagerbestände. Das sind z.B. Teile oder Werkzeug, die vom Service/den Inbetriebnehmern/den Monteuren oder in der Endmontage gehortet werden, weil sie häufig benötigt werden oder auch, weil eine offizielle Neubeschaffung zu lange dauert oder zu kompliziert ist. Es sind die "Notvorräte", die benötigt werden, wenn es beim

Kunden "brennt". Die Gelegenheit ist zu nutzen, die Mitarbeiter ihre Ausstattung sinnvoll aktualisieren zu lassen.

Beispiel Großkomponenten, hier: Rahmenbau für Sondermaschinen

Die Fragen zuvor dienen also nicht nur der Kosten- und Aufwandseinsparung, sondern zugleich dem Thema Risikobetrachtung.

Hier ein Beispiel, wie kreativ man das lösen kann (wahre Geschichte). Nun wird es komplex, aber bleiben sie dran - es lohnt sich, versprochen!

Vorgabe: Das Sanierungskonzept für ein Sondermaschinenbau-Unternehmen beschrieb u.a., dass die Bearbeitung der bislang im eigenen Haus hergestellten/bearbeiteten schweren Maschinenrahmen nicht mehr wirtschaftlich sei und dieser Betriebsbereich zu schließen ist. Die Rahmen sollten zukünftig extern zugekauft werden.

Die langjährigen, erfahrenen Mitarbeiter in dem entsprechenden Betriebsbereich sollten im Rahmen eines Sozialplans entweder in den Vorruhestand geschickt oder entlassen werden.

Auch bei geplant höheren Auftragseingängen auf das Niveau vor der Krise sollte der Rahmenbau geschlossen werden. Die dazugehörigen Bearbeitungsmaschinen waren zwar schon etwas älter, arbeiteten jedoch immer noch sehr genau und waren in einem sehr guten, gepflegten Zustand. Sie waren bereits komplett abgeschrieben und sollten möglichst noch nach Osteuropa, Südamerika oder Asien verkauft werden. Falls sie aufgrund des Alters oder nicht vorhandenen Bedarfs nicht verkauft werden konnten, sollten sie zum Schrottpreis abgegeben/entsorgt werden. So stand es geschrieben.

Anmerkungen: Solche Maschinen zu kaufen bedeutet reichlich Aufwand für den Käufer: Sie können diese Maschinen nicht einfach mit DHL abholen lassen und auf Ihren Hallenboden stellen. Der Käufer muss entsprechende Fundamente am neuen Standort vorbereiten und gießen, die Infrastruktur vorbereiten (Energie, Betriebsmittel, Leitungen, Hebezeuge, Krane etc.), dann die Maschinen ordentlich demontieren, verpacken, transportieren und korrekt wieder zusammenbauen und in Betrieb nehmen. Das bedeutet, dass Sie erst einmal jemanden finden müssen, der diese betagten Maschinen aufkauft und sich sicher ist, dass sich die gesamte Investition alsbald amortisiert. Die Händler von solchen Gebraucht-Maschinen sind übrigens keine NPO - auch sie wollen Geld verdienen…

Die Einkaufsabteilung wurde mit der Konstruktionsabteilung beauftragt, mehrere mögliche Maschinenrahmen-Lieferanten im Umkreis von maximal 300 km zu suchen und mindestens zwei Lieferanten zu qualifizieren.

Meine Gedanken dazu waren folgende: Die derzeit hergestellten Maschinenrahmen wogen zwischen 2 und 15 Tonnen, je nach Maschinentyp und –größe. Sie bestanden aus schwingungsfestem Stahlguss, der hohe kinematische Belastungen der beweglichen Maschinenkomponenten/Werkzeuge aufnehmen konnte. Um zu verstehen, was diese Maschinenrahmen so besonders machte, führte ich zahlreiche Gespräche mit Fertigung/Produktion und Endmontage - dort konnte ich eine Menge über das Unternehmen und die Produkte erfahren. Letztendlich war mir bewusst, wie groß die Anforderungen an die Maschinenrahmen waren, wie wichtig die Erfahrung der Mitarbeiter sowie die Anpassungsflexibilität bei der Endmontage waren. (Na, wer von Ihnen kennt auch noch Montagezeichnungen mit der Angabe „Anpassen bei Montage"?)

Ein Outsourcing war in diesem Fall also eine große, wichtige Chance, Kosten zu sparen, zugleich jedoch auch ein sehr großes Risiko, denn es gab zahlreiche Stolperfallen und wichtige Elemente, die es zu beachten galt.

Ich kam zur Überzeugung, dass das Unternehmen die Kontrolle über den Rahmenbau weitgehend behalten musste und suchte nach einer kreativen Lösung. Wenn ein gekaufter Rahmen bei der Endmontage nicht 100%ig passte oder sich bei der Endmontage herausstellte, dass noch etwas angepasst werden musste, eine Bohrung noch zu ergänzen oder zu entgraten war oder man bei der Ausgangskontrolle beim Lieferanten bzw. bei der Eingangskontrolle im Werk Wichtiges übersehen hatte, wurde es kompliziert und vermehrter Zeitaufwand bei der Montage- und Kapazitätsplanung war die Folge.

Unterschätzen Sie nie das „Anlernen" eines oder zweier Lieferanten zur einwandfreien Belieferung von solch delikaten Komponenten . Es gibt dabei immer eine Lernkurve, die Berücksichtigung finden muss und immer gegeben ist. Das kostet Zeit und Personalaufwand und ist ein nicht zu unterschätzendes Risiko.

Ich musste also unbedingt eine Lösung finden, die unvermeidbare, notwendige Schließung der Rahmenbau-Abteilung so zu gestalten, dass die Risiken des Outsourcings minimiert werden konnten und das ohne langen, aufwändigen Verkaufsprozess.

Nach einer schlaflosen Nacht hatte ich einen Lösungsansatz:

Ich kontaktierte einen mittelständischen, örtlichen Stahlbauer, der das betroffene Unternehmen und auch mehrere andere große Maschinen- und Anlagenbauer in der Region bereits mit Stahlrahmen- und Schweißkonstruktionen belieferte.

Ich traf mich mit dem Inhaber und fragte ihn, ob er interessiert sei, sein Geschäft und sein Angebotsportfolio zu erweitern. Ich beschrieb die vorherrschende Herausforderung und meine Idee. Nach zwei Stunden waren wir uns einig:

- Das Unternehmen verkauft die Maschinen an das Stahlbauunternehmen, das nur 10 Autominuten entfernt ist, zu einem sehr interessanten Preis.
- Der Stahlbauer würde volle Unterstützung bei Demontage und Remontage erhalten.
- Ein Teil der erfahrenen Mitarbeiter würden vom Stahlbauer übernommen und unbefristet angestellt.
- Es gab die Zusage einer gewissen Mindestauslastung für einen Zeitraum über einige Jahre zu vorab formulierten Konditionen samt Berücksichtigung der Variablen (Formel mit variablem Marktpreis für Material, Tarifliche Lohnerhöhung etc etc)

Das bedeutete für das Unternehmen, das ich begleitete/führte:

- Einkaufkosten mittelfristig gut kalkulierbar
- Eventuelle Anpassungsarbeiten an der Rahmenausführung blieb möglich - mit relativ geringem logistischen Aufwand
- hilfreiche Flexibilität blieb gewahrt
- die erfahren Mitarbeiter, die wussten, worauf zu achten ist, arbeiteten weiterhin an den Maschinen und den Materialien, die sie aus dem Effeff kannten und beherrschten
- Die Qualitätssicherung beim „neuen Fremdfertiger" vor Ort war möglich ohne lange Reisezeiten und -aufwendungen
- Keine Lernkurve, kein Zeitverlust, kein Lieferrisiko
- keine frustrierten Mitarbeiter

Nachdem die Gesellschafter überzeugt waren und dies genehmigt hatten, wurde alles Notwendige zügig umgesetzt – und zwar wesentlich schneller als jeder Verkaufsprozess für Gebrauchtmaschinen jemals hätte sein können.

Die übernommenen Mitarbeiter und deren Familien waren froh und erleichtert, dass sie sich nicht mehr mit dem drohenden Thema Arbeitslosigkeit beschäftigen mussten.

Der Betriebsrat wurde nach dem OK der Gesellschafter als erstes informiert und dann bei der Belegschaft als Ideengeber der Lösungsfindung mit „Heldenstatus" proklamiert.

Beim Betriebsrat hatte ich somit ab sofort „einen Stein im Brett". Seine Position war innerhalb der Belegschaft deutlich gestärkt, was bei dem weiteren schweren Sanierungsweg in den Folgemonaten äußerst hilfreich war.

Das Outsourcing-Budget wurde deutlich entlastet. Der zeitliche Aufwand für das Personal in Einkauf und Betriebstechnik war deutlich geringer als geplant. Und - last but not least - waren alle Beteiligten zufrieden und glücklich!

Ein weiteres Beispiel aus dem wahren Leben

Bei der Restrukturierung eines Anlagenbauers wurde u.a. das Outsourcing für Schweißkonstruktionen vorgegeben.

Bisher wurden in dem Unternehmen auftragsbezogene Gestelle, Transport-/Hilfsrahmen und Peripherie-Schweißkonstruktionen selbst konstruiert und hergestellt. Die Kosten für Material und Aufwand wurden im Jahresdurchschnitt mit einem mittleren bis niedrigen sechsstelligen Euro-Betrag ausgewiesen, es handelte sich also nicht um "Peanuts".

Bei diesem Fall ging es nicht nur um das Material, das Zuschneiden, Vorbereiten, Schweißen etc. sondern auch um

- die Konstruktion „mal so nebenbei" (das kostete hunderte Stunden in der Auftragskonstruktion pro Jahr von Spezialisten, die für solche profanen Aufgaben viel zu teuer weil überqualifiziert waren),

- den Aufwand für den Einkauf der Profile und Materialien, deren Disposition, Lagerung, die Lagerung der Materialreste (zumeist Edelstähle) und deren Entsorgung/Verwertung

Die Entscheidung, diese Komponenten, die nicht in die Kernkompetenz des Unternehmens fielen, umgehend zuzukaufen, war also goldrichtig.

Nun ging es wieder um das „wie", also überlegte ich:

Wenn wir „nur" die Beschaffung auslagern, ist die Vorgabe zwar erfüllt, jedoch ist das gesamte Potential für Kosteneinsparung UND Aufwandsreduktion nicht erreicht.

Ich wollte mehr erfahren: Warum wurden die Gestelle und Hilfsrahmen bisher im Hause selbst erstellt?

Bekannt war, dass diese Gestelle und Hilfsrahmen oft „auf den letzten Drücker" fertiggestellt wurden. Bei deren Montage und Teilinbetriebnahme musste meist noch flexibel einiges angepasst werden - und so richtig Herzblut hatten die Konstruktions-Experten dafür nie aufbringen können. Das war eher lästige Notwendigkeit.

Ich suchte also nach einer Lösung, wo die Hilfskonstruktionen nicht nur einfach fremdgefertigt wurden sondern auch unsere Konstruktionsabteilung sowie alle anderen Bereiche weitgehend entlastet werden konnten, ohne dass die notwendige Flexibilität für Anpassungen und kurzfristige Änderungen verloren ging.

Die Lösung war schnell gefunden. Ein mittelständisches Metallbauunternehmen in der Nähe hatte Interesse an einer langfristigen Zusammenarbeit. Jedoch hatte er „nur" zwei Konstrukteure, die sich in Teilzeit mit technischen Zeichnungen beschäftigten. Das war mir nicht sicher genug.

Das Einkaufsvolumen war zudem nicht groß und interessant genug für den Metallbauer, um einen weiteren Konstrukteur einzustellen.

Die Lösung:

Nach zwei Telefonen mit der regionalen IHK und deren Empfehlung und Kontaktherstellung bildeten wir mit einem weiteren Maschinenbauer in der Region eine Kooperation. Wir entwickelten einen klaren, transparenten Preis –, Leistungs- und Volumenkatalog. Dieser spezifizierte alle Details: Stundensätze, Beschaffungsformeln und Volumenanreize u.v.m.

Gegen eine minimale, stille Beteiligung und Miete erhielt der Metallbauer unser Equipment sowie die Nutzungsrechte für die Räumlichkeiten unserer kleinen Schweißerei mit Montageplatz. Ebenfalls wurden die Peripherie- und Anschlusszeichnungen zur Verfügung gestellt, unsere Experten mussten „nur" noch Maßskizzen erstellen.

Die Detailkonstruktion, Einzelteilzeichnungen, Produktion samt Beschaffung und allem drum und dran obliegt (auch heute noch) dem Metallbauunternehmen, das sich seither deutlich vergrößert hat. Und wiederum ein wichtiger Faktor: Alle Beteiligten sind sehr zufrieden mit der gefundenen Lösung.

Sowas macht doch Freude! Nicht nur mir, sondern auch den Unternehmen! Es heißt also immer: Um die Ecke denken!

Wer sich hauptsächlich auf Preisreduzierungen und Bestandsreduzierungen als Grundlage für die Kalkulation von Kosteneinsparungen fokussiert, der bekommt irgendwann die Quittung dafür. Und dann haben wir den Salat: Ohne Ware kein Umsatz und kein Gewinn. Beste Beispiele sind die teils sehr schädlichen Unterbrechungen und Änderungen bei der Supply Chain/der Beschaffung während und nach der Corona-Krise.

Es wird Zeit, Risiken anders zu bewerten und die passenden Gegenmaßnahmen einzuleiten!

Wer beispielsweise vor der Krise bei der Beschaffung von Materialien nur auf einen (weil billigen) Lieferanten gesetzt hat mit Lokation auf anderen Kontinenten, hat jetzt das Nachsehen. Die Corona-Krise hat vielen Unternehmen die Augen geöffnet, wie wichtig ein vorausschauendes Risikomanagement zur Sicherung der Wettbewerbs- UND der Lieferfähigkeit ist. Ein Plan B für den Fall eines Lieferausfalls bei einem oder mehreren Lieferanten ist essentiell - manchmal sogar existentiell.

Insbesondere KMU haben häufig weder einen Notfallplan, noch die personellen Kapazitäten, um kurzfristig Materialausfälle zu managen und die Versorgung zu sichern.

Also bitte nicht „nur" auf die Zahlen, Kosten, Preise, Lagerbestand etc. schauen, sondern einen Plan B und C je nach Risikobewertung entwickeln. Ja, das ist nicht einfach, aber wenn es einfach wäre, hätten die Unternehmen es schon längst durchgeführt, oder? .

Achten Sie in diesem Rahmen einmal auf die Lieferverträge für A-Teile. Gibt es darin Zusagen für garantierte (Mindest-)Abnahmemengen und feste Vertragslaufzeiten? Sind Preisgleitklauseln neu- oder nachverhandelt? Für solche Verträge ist viel Verhandlungsgeschick erforderlich, denn deren Versorgung muss gesichert sein und möglichen Klumpenrisiken vertraglich vorgebeugt werden.

Auch hier zahlt sich der Mehraufwand in gute Lieferantenbeziehungen aus. Da ist es wieder: Vertrauen, Ehrlichkeit und partnerschaftliches Verhalten.

Anmerkung: Hilfreich ist auch im Beschaffungsbereich die Digitalisierung der Prozesse. Die Steigerung von Einkaufs-Organisationseffizienz und –transparenz durch optimierte, digitale Prozesse ist ein wichtiger Baustein. Wie ist die aktuelle Situation und IT-Infrastruktur (ERP, CRM)? Muss das Einkaufspersonal geschult werden? Inzwischen werden Lieferketten einiger Unternehmen hinsichtlich Nachhaltigkeit und Echtzeit-Information mittels Blockchaintechnologie in Echtzeit verfolgt.

Risiken erkennen und bewerten, das können Interim Manager oftmals besonders gut und besser als interne Führungskräfte. Schwierige Aufgaben zu lösen und Plan B-Strategien zum Beispiel für die Versorgungssicherheit zu entwickeln, ist ihr Tagesgeschäft. Als unvoreingenommene Externe und ohne emotionale Ablenkung sind sie frei von politischen Zwängen und gehen mit einem geschulten Blick von außen neue Herausforderungen an.

Nutzen: Sie können für komplexe Projekte eingesetzt werden, für die die eigenen Angestellten im Tagesgeschäft keine Zeit haben. Allerdings muss man sich diese Experten auch leisten können. Wenn das möglich ist, sind diese Experten ihr Geld absolut wert.

Sehr interessant und prüfenswert sind Angebote solcher Interim Manager und Berater, die rein oder anteilig erfolgsbasierte Honorare ausweisen.

Großartige Verkäufer sind Beziehungsbauer, die Wert schaffen und ihren Kunden helfen, zu gewinnen.

Jeffrey Gitomer

VERTRIEBSORGANISATION – WICHTIGER QUELL DES ERFOLGS

Nur der erfolgreiche Vertrieb von Produkten und Dienstleistungen ermöglicht Umsatz und Unternehmenserfolg. Ohne Verkauf, kein Umsatz.

Im Kapitel „Angst der Vertriebs-Ingenieure" habe ich bereits aufgezeigt, wie sehr sich Wohl und Weh der Vertriebsmitarbeiter und deren Gefühlswelt bei Maschinen- und Anlagenbauern im Vergleich zu anderen Branchen unterscheiden.

Der gesamte Vertriebsaufwand im Maschinen- und Anlagenbau ist wesentlich höher als den meisten anderen Geschäftsmodellen. Lange Bearbeitungszeiten der potentiellen Auftragsprojekte über viele Monate oder gar Jahre bedeuten für die Verantwortlichen häufig viele Reisen, die zum Vertrauensaufbau und zur technischen Klärung dienen. Aufwendige Angebotserstellungen, deren Kalkulationen, wiederholt komplexe Änderungen der Spezifikation und deshalb umfangreiche Angebotsänderungen mit der Involvierung vieler anderer Mitarbeiter aus verschiedensten Abteilungen beeinflussen den Vertriebsaufwand ebenfalls deutlich. Messen und Kongresse sind ein weiterer zusätzlicher Kostenaufwand, der insbesondere kleineren Unternehmen schmerzhaft hohe Aufwendungen aufbürdet.

Der Vertrieb war bisher einer der Bereiche, der mir bei meinen Mandaten immer einen überdurchschnittlich großen Energieanteil und ein hohes Maß an Aufmerksamkeit abverlangte. Aus vielen Jahren Erfahrung und tausenden von geführten Gesprächen ist mir bewusst, wie die Menschen dort ticken. Diese Erkenntnisse möchte ich gern mit Ihnen teilen, sodass Sie Verständnis dafür entwickeln, warum es manchmal schwierig erscheint, die gesamte Vertriebsorganisation in einer Krise neu und effizient auszurichten, aufzubauen oder auszubauen.

Es ist absolut lohnenswert, sich intensiv mit dem Bereich Vertrieb zu beschäftigen. Die Vertriebsleitung wird sehr gern jede Unterstützung annehmen – in schlechten Zeiten. In guten Zeiten sieht das anders aus - da wird sich gegen jedwede Einmischung gewehrt, denn da lässt man sich nicht gern hineinreden.

Was ist denn nun das Besondere am Investitionsgütervertrieb? Kurz zusammengefasst: Vertriebs-Ingenieure sind in der Lage, komplexe technische Konstrukte zu verstehen, spezielle verfahrenstechnische Expertise zu durchdringen und die Produktvorteile ihres Portfolios zu präsentieren. Diese Kenntnisse benötigen sie bei der Projektentwicklung und der Auftragsanbahnung mit den potentiellen Auftraggebern.

Da sich ein solcher Vertriebsprozess, wie bereits erwähnt, über viele Monate oder gar Jahre hinstrecken kann, müssen involvierte Personen nicht nur Ausdauer, sondern auch ein gutes Gedächtnis mitbringen. Während des langwierigen Verkaufsprozesses ändern sich oft Spezifikationen der Auftraggeber (AG) sowie deren Anforderungen, die sich teils auch durch neue Technologien, Sensoriken, Techniken oder Steuerungskomponenten verändern. Änderungen werden zudem durch den Anbieterwettbewerb angestoßen, um sich eigene Vorteile zu erarbeiten. Dann müssen die jeweils anderen Anbieter entsprechend nachlegen, wenn der AG auf Basis eines neuen Wettbewerbs-Angebotes seine Anforderungen anpasst. Dies passiert auch, wenn Entscheidungsträger beim AG wechseln. All das zusammengenommen bedeutet, dass Angebotsspezifikationen sehr komplex und umfangreich sind und des Öfteren verändert werden müssen. Das hat wiederum zur Folge, dass der Vertrieb sowohl die Konstruktion, die Verfahrenstechnik, die Steuerungstechnik/Elektrotechnik usw. bei Änderungen involvieren muss und anschließend die Angebotskalkulation anzupassen ist. Viele Gespräche mit den anderen Abteilungen und nicht zuletzt oft anstrengende Projektgespräche mit mehreren Bereichen des Kunden über mehrere Monate sind die Folge.

Aus dieser Vorgehensweise erschließt sich, dass ein Vertriebs-Ingenieur im Anlagenbau eine deutlich geringere Anzahl von potentiellen Auftragsprojekten bearbeitet, als ein Kfz- oder Möbelverkäufer.

Ein Vertriebs-Ingenieur im Anlagenbau ist ein ganz besonderer Menschentyp. Er benötigt neben seiner technischen Affinität, seiner Produkt- und Verfahrenskenntnisse, seiner Geduld und seiner

Akribie, ein gewisses Mindestmaß an Empathie mit kultureller Anpassungsfähigkeit und zudem Reisefreudigkeit. Diese Menschen haben ein hohes Verantwortungsbewusstsein und benötigen einerseits klare Vorgaben, jedoch auch große Freiheitsgrade und stete Vertrauensbekundungen von der Bereichs- und der Geschäftsleitung. Wenn sie dann noch ein Produkt vertreten, von dem sie selbst sehr überzeugt sind, dann sind sie kaum aufzuhalten. Sie sind keine 100m-Sprinter sondern eher Langstreckenläufer oder noch besser: Iron-Man-Triathleten, die um ihre besondere Stellung und ihre Verantwortung im Unternehmen wissen. Sie wollen immer gewinnen. Umso extremer trifft es sie, wenn Erfolge ausbleiben, das Unternehmen schwächelt, die Argumente für „ihr" Produkt weniger werden oder der Kundennutzen bei Wettbewerbsprodukten stärker wird und schließlich nur noch der Preiskampf bleibt. Einen Preiskampf, den man schließlich in einer Krise auch noch verliert. Verkaufen können sie nur den Unterschied - und dieser MUSS Kundennutzen beinhalten. Produktvergleichbarkeit erwirkt Preiskampf und ist „nur" für den Kunden gut – nicht aber für die Anbieter. Schließlich gibt es Fortschritt, Weiterentwicklung und Innovation nicht zum Nulltarif. Nein, Fortschritt muss man sich leisten können. In akuten Krisensituationen hat das Unternehmen allerdings weder Fokus, noch Geld oder Zeit, um gute und neue Kundennutzen zu entwickeln.

Deshalb werden die Anlagenvertriebler in Krisenzeiten zu unangemessenen Innovations- und Änderungstreibern. Das dürfen sie auch gern sein, jedoch ist dies nicht wirklich zielführend, weil sie es oft und gern übertreiben. Sie zerreißen sich in Zeiten, in denen Erfolg nur selten gefeiert werden kann und der überaus große Vertriebs-Erfolgsdruck die Bereitwilligkeit schürt, jedem kaufmännischen und technischen Drängen des Kunden nachzugeben zu müssen. Und da die Führungsebene den Vertrieb als einen der letzten Strohhalme betrachtet, lässt man ihn auch des Öfteren lange - oder gar zu lange - gewähren und nimmt die Vertriebler in Schutz. Mit meist desaströsen Folgen, die die Abwärtsspirale noch schneller drehen lassen. Kann schließlich ein Auftrag gewonnen werden, ist fast immer die Preisqualität schlecht und die technischen Risiken hoch. Der Untergang wird dadurch nur verzögert und eine eventuell noch mögliche Heilung des Unternehmens umso schwieriger gestaltet.

Die Gründe dafür sind:

1. Eine strukturierte Produktentwicklung einschließlich Test-, Probe und QS-Szenarien ist nicht mehr möglich.

2. Die Variantenvielfalt im Produktportfolio steigt an, da technische Flexibilität für nötig gehalten wird, um bei den Projekten und den Kunden im Rennen zu bleiben.

3. Im Auftragsfall sind die Preisqualitäten und die Zahlungsbedingungen unterdurchschnittlich.

4. Durch die unzureichende Erprobung neuer Produkte/ Verfahren steigt das Reklamationsrisiko.

Anmerkung: In einer Liquiditätskrise werden darüber hinaus die Maschinen - obwohl sie noch nicht ganzheitlich geprüft wurden - oft verfrüht ausgeliefert, um kundenseitige Zahlungen auszulösen. Von

Beratern hört man dann den überaus schädlichen Ausruf: "Liquidität vor Rentabilität!" Mehrkosten und Zusatzaufwand sind dann die unsäglichen, schmerzhaften Folgen, um nicht komplett einsatzfähige Geräte vor Ort ans Laufen zu bekommen. Ich rate dringend davon ab, sich von externen Zwängen (z.B. durch Kunden, Banken, Berater) verleiten zu lassen, unfertige oder mangelhafte Maschinen zu liefern. Wenn die Anlage beim Kunden in Pusemuckel steht und erst dort fertig programmiert, justiert und komplettiert werden muss, sind die Aufwände, Anstrengungen und Kosten um ein Vielfaches höher als eine spätere Auslieferung. Deshalb heißt es: Vermeiden von Reklamationen um jeden Preis!!!

5. Reklamationen verstärken das Schmerzempfinden des Vertrieblers ungemein, weil er nun von dem Kunden direkt angegriffen wird. Es ist ein äußerst verstörendes, destruktives Gefühl für ihn, das Vertrauen, für dessen Aufbau er oft jahrelanges Engagement investiert hat, zu verlieren. Die Aussagen und Zusagen, die dem Kunden gegenüber formuliert wurden treffen nun nicht mehr ein. Dieser vermeintliche Vorwurf der Unwahrheit schmerzt in der Seele des Verkäufers wie ein Brandeisen. Jetzt beschäftigt er sich mit vielen Dingen, die mit förderlichem Vertrieb nichts zu tun haben, wie Produktionsausfall, Pönalen, Strafen, technischen Lösungen, Einmischung in Service-Bereich usw. Das ist genau das, was ein Investitionsgüter-Verkäufer hasst - ja es macht ihn unglücklich. Er verliert das Vertrauen „seines" Kunden, er verliert mehr und mehr das Vertrauen in das Produkt und - am allerschlimmsten – sein Vertrauen in sich selbst.

Praxistipp: Sprechen Sie mit den Vertriebsleuten unter vier Augen. Nehmen sie sich Zeit, reflektieren sie die erfolgreichen Zeiten und dann kommen sie in die Gegenwart. Sie werden eine richtige Wesensveränderung im Laufe des Gesprächs (gerne als Spaziergang - die Bewegung hilft, offen zu sprechen) feststellen. Ein solcher Mitarbeiter versucht erst einmal, seinen Schmerz und seinen Ehrverlust zu verstecken. Allerdings gelingt ihm das nicht, eben weil er so ist, wie er ist – und sein muss. Denken Sie daran: Ein erfolgreicher Vertriebler hat ein Übermaß an Selbstbewusstsein. Wenn er DAS verliert, wird er öffentlichkeitsscheu, zurückhaltend und verzagt. Ok, vielleicht etwas übertrieben, jedoch der Trend geht auf jeden Fall in diese Richtung.

Was ist nun zu tun?

1. Zunächst volle Konzentration auf die effektive Abarbeitung der Reklamationen, wie in Kapitel 3 beschrieben. Nicht nur die Kosten sind für das Unternehmen ein schwerer Klotz am Bein sondern auch die Reputation leidet extrem. Der Wettbewerb befeuert die negativen Nachrichten über die schlechte Performance, der Ruf des Unternehmens wird dramatisch ausgehöhlt. Reklamationen und Nacharbeiten haben deshalb meines Erachtens absolute Priorität und sind Chefsache.

2. Zeitgleich versuchen Sie u.a. durch Gespräche mit (noch) wohlwollenden Kunden und mit den Inbetriebnahme-Ingenieuren, Vertrieb, den Top 5-Handelsvertretern, Verfahrensexperten und Entwicklungskonstrukteuren herauszufinden, welche Technologien/Techniken des aktuellen Maschinen-/Angebotsportfolios besonders auszeichnend

und vorteilig für die Klientel sind. Mit welchen Produkten, Maschinen, Modulen, Komponenten ist das Unternehmen vom Kundennutzen her gesehen mindestens oder möglichst besser als der Wettbewerb und zudem preislich profitabel?

Die Antworten auf diese Frage helfen bei der Eruierung des aktuellen Vertriebs-Fokus - und damit sind Sie dicht dran an der Lösung eines weiteren, oft unterschätzten Problems: der falschen, nicht allumfassenden Aufnahme des Kundenbedarfs/-nutzens.

Sehr oft musste ich feststellen, dass gerade bei Maschinentypen, die ehemals marktführend waren, krisenbedingt „verschlimmbessert" wurde anstatt die nächste Maschinengeneration konsequent zu entwickeln. Der Wettbewerb nutzt gerne diese Innovationslücke. Die Letzten, die jedoch bereit sind, diese alte Bestandkonstruktion aufgrund des Zeitdruckes aufzugeben sind die Vertriebsingenieure. Das kostet wieder lange Gespräche mit den Damen und Herren des Vertriebsteams.

VertriebsTEAM?!?!? Haaaalt! Pardon, das schreit nach einer wichtigen Erläuterung: Eine Vertriebsmannschaft mit Außen– und Innendienst werden Sie antreffen – jedoch kein richtiges „TEAM" im ursprünglichen Sinn. Einzelne Kollegen/Innen mögen sich oder sind gut befreundet, ja, das kann sein – jedoch ein Team, das zusammenhält wie Pech und Schwefel, in guten, wie in schlechten Zeiten, im Beruflichen wie im Privaten – das wird Ihnen nur selten begegnen. Das hat seinen Grund - denn in solchen Teams gibt es häufig viel Individualität und starke Charaktere. Also seien Sie nicht überrascht, wenn nicht alle Leute komplett an einem Strang ziehen. Abteilungsbesprechungen mit der

Vertriebsmannschaft sind wahrlich anstrengend und enden selten pünktlich. Lehrreich sind sie immer. Wenn Ihre Vertriebsmeetings immer angenehm sind und wie geplant enden, sind sie entweder perfekt vorbereitet – sowohl von der Moderation als auch von jedem Teilnehmer – oder es gibt Punkte und Themen, die nicht ausgesprochen werden.

Eine Möglichkeit, den Vertrieb wieder auf Erfolgsspur zu bringen ist, auf die Produkte zu setzen, die wahren Kundennutzen bieten und die mindestens genauso gut oder möglichst besser sind, als die des Wettbewerbs. Geben Sie diesen Produkten starken Anschub. Verlängern Sie die Garantiezeit, vergrößern Sie die Ersatzteilpakete, die einen wesentlich höheren Deckungsbeitrag besitzen als das Hauptprodukt. Das „kostet" weniger, als ein Preisnachlass. Seien Sie kreativ z.B. durch Konsignationslösungen, oder im Bereich Schulung des Kundenpersonals, Begleitung bei der Inbetriebnahme oder hausinterne Verfahrensschulung der Kundentechniker oder, oder, oder...

Nutzen Sie neue Technologien, holen Sie Lieferanten bzw. Technologiebesitzer aus den Reihen Ihrer Geschäftspartner mit ins Boot, kooperieren Sie mit Forschungsinstituten und Universitäten.

Und dann checken Sie die Vertriebsabläufe auf Effizienz, Effektivität, Kreativität, Disziplin, Kommunikation, Dokumentation etc.

Machen die laufenden Anfragen und aktuelle Vertriebsprojekte zu perfekten Performance- und Kundennutzen-Prozessen. Entstauben Sie die Angebote, sorgen Sie dafür, dass die Angebote vom Inhalt und in ihrer Darstellung hochwertig werden mit der klaren Darstellung des Nutzens für den Kunden.

Sie werden nie wieder so wenig Widerstand gegen Veränderungen im Vertrieb bekommen wie in einer Krise. Nutzen Sie diese Chance und drehen Sie den Vertrieb erst um seine eigene Achse und reißen ihn dann mit!!! Begeistern Sie die Vertriebsmannschaft. Auch wenn es noch eine Zeit lang Schmerzen zu ertragen gilt, viel Arbeit zu erledigen ist - sehen Sie die Perspektive rosig und glauben Sie an eine wunderbare Zukunft! Wenn die Vertriebsmitarbeiter ebenfalls an eine positive Perspektive glauben, kehrt Dynamik in die Vertriebsabteilung zurück und der Erfolg klopft wieder an die Tür.

Diesen Effekt hat bereits Aristoteles vor über zweitausend Jahren umschrieben mit dem Satz: *„Freude an der Arbeit lässt das Werk trefflich geraten.“* Für jeden im Vertrieb ist diese Freude existentiell - wie übrigens auch für die gesamte Belegschaft im Unternehmen.

Die externe Vertriebsorganisation

Betrachten wir nun die externe Vertriebsorganisation. Gerade im Maschinen- und Anlagenbau sind hohe Exportquoten an der Tagesordnung. Aus diesem Grund besitzen Anlagenbauer ein weltweites Netz von Vertriebspartnern, sei es eigene Vertriebs- und Serviceniederlassungen oder Handelsvertretungen:

Gerade Letztere pflegen mit den Kunden, teils über Generationen hinweg, langjährige Beziehungen und Freundschaften und ein sehr enges Verhältnis zur internen Vertriebs- und Service-Mannschaft.

In einer Krise gibt es viele Gelegenheiten festzustellen, wer wirklich und weiterhin an einer langfristigen Zusammenarbeit interessiert ist – das gilt für beide Seiten.

Wie wichtig ein sehr guter, erfolgreicher Vertriebspartner ist, ist unbestritten.

Deshalb ist ein Wechsel der Handelsvertretung immer eine sehr delikate, aufwendige, langwierige Sache. Und eben, weil dieser Wechsel so delikat ist, ist es genauso wichtig, die aktuellen Handelsvertretungen genau zu betrachten.

Meine Erfahrung aus der Arbeit mit mittelständischen, inhabergeführten Unternehmen ist, dass ein Wechsel der Handelsvertretung nach eingängiger Prüfung relativ selten Sinn ergab. Allerdings gibt es Ausnahmen und ich empfehle, immer genau hinzuschauen, wenn eine langjährige Handelsvertretung stets sehr erfolgreich war, allerdings in den letzten zwei, drei Jahren wenige bis keine Aufträge generieren konnte, während die Wettbewerber die Projektaufträge erhielten. Dann ist ein intensives, klärendes Gespräch unerlässlich. Bei diesen Gesprächen lerne ich sehr viel über mein Mandatsunternehmen und darüber, wie es von einem Geschäftspartner gesehen wird. Aufgrund der langjährigen, oft auch emotionalen Beziehungen zwischen den Beteiligten können Sie sehr gut die Krisenentwicklung nachvollziehen - und zwar aus den Augen der Handelsvertretung heraus. Sie erfahren, wann es „einen Knacks" gegeben hat und was der Auslöser dafür war.

Zu beachten ist bei diesen Gesprächen jedoch immer, dass sich die Interessen der Handelsvertretung von den Interessen des Maschinenherstellers in einigen wichtigen Bereichen unterscheiden. Auf die Frage, welche Gründe es für den seit einiger Zeit ausbleibenden Erfolgs gibt, wurden in meinen bisher geführten Gesprächen u.a. angeführt:

- zunehmende, schlecht bearbeitete Reklamationen und dadurch Reputationsverlust
- zu lange Lieferzeiten im Bereich Service/Ersatzteile
- zu lange Reaktionszeiten des Herstellers
- der Preis (der ist ja "immer" zu hoch)
- technische Unzulänglichkeiten oder technische Schwächen im Vergleich zum Wettbewerb
- schwächere Kommunikation aufgrund eines Personalwechsels beim Hersteller
- grundsätzlich schlechte Kommunikation, werden nicht auf dem Laufenden gehalten
- verantwortliche Vertriebsmitarbeiter sind zu selten vor Ort zur Vertriebsunterstützung
- mangelnde Produktschulung
- Veränderungen im Markt oder auf Produktseite, auf die vonseiten des Herstellers nicht oder nicht schnell genug reagiert wird

Diese Positionen beschädigen die Motivation der Handelsvertretung am stärksten.

Ihr Vertriebspartner wird natürlich selten eigene Unzulänglichkeiten anführen, wenn überhaupt...

Bitte machen Sie sich vor allem klar, was eine Herstellerkrise für eine Handelsvertretung bedeutet. Diese Unternehmen sind zumeist mittelständisch geprägt und seit Generationen Familienunternehmen. Versetzen Sie sich nun in deren Lage. Womit und wie verdient die Handelsvertretung ihr Geld? Wovon lebt das Handelsunternehmen? Was muss es dafür tun, was leistet es dafür? Wenn gelegentlich etwas schief geht, ist dies meist noch zu verschmerzen. Bei einer schnellen und richtigen Reaktion kann eine solche Situation sogar geschäftsfördernd sein. Guter, schneller Service ist ein wichtiger Teil des Aushängeschilds des Herstellers und der Handelsvertretung.

Nachvollziehbar ist allerdings auch, dass übermäßige Reklamationen und lange Reaktionszeiten auf Anfragen an den Maschinenhersteller für die Handelsvertretung eine absolute Katastrophe sind. Der damit einhergehende Ärger, der Reputationsverlust und die absolute Abhängigkeit vom Lieferanten machen dem Vertriebspartner das Leben zur Hölle. Irgendwann ist der Partner nicht mehr willens und in der Lage, den Hersteller ohne eigenen Gesichtsverlust zu verteidigen, da die Rufschädigung auf ihn selbst übertragen wird. Das spricht sich herum und fühlt sich nicht gut an.

Wenn der betroffene Kunde dann sogar beginnt, den Handelsvertreter zu bedauern, dann ist dieser Kunde für das Unternehmen fast verloren bzw. kann nur noch mit allergrößtem Aufwand wieder gewonnen werden. Die technische Abhängigkeit der beiden Parteien ist zwar immer noch gegeben – aber nur, weil es (noch) keine Alternative gibt. Aus einem guten Kunden-Hersteller-Verhältnis ist ein Zweckbündnis geworden. Mit Service, Wartung, Ersatzteilen oder Retrofits werden immer noch Aufträge zu generieren sein, Neuaufträge für Maschinen jedoch werden nun auch aus emotionalen Gründen nahezu unmöglich. Eine Empfehlung und eine Referenz zur Vertrauensgewinnung für andere potentielle Auftraggeber und neue Projekte werden Sie von diesem Kunden, der unter der Situation ebenfalls leidet, nicht mehr erhalten. Der Wahrheit wurde der Boden entzogen.

Allgemein gilt,

- je besser die externe Vertriebsorganisation unterrichtet, informiert, ausgebildet, geschult und auf dem Laufenden gehalten wird,
- je besser das Produkt ist und je mehr Nutzen es Kunden bringt,
- je schneller der Hersteller auf Anfragen der Handelsvertretungen und Niederlassungen reagiert,
- je schneller und effektiver die technische Unterstützung im Reklamationsfall ist,
- je seltener es zu längeren Maschinen- und Produktionsausfällen beim Kunden kommt,
- je zügiger die Ersatzeilversorgung funktioniert bzw. je smarter sie organisiert ist,
- je professioneller die Kommunikation zum Kunden ist,

desto erfolgreicher wird die Vertriebsorganisation sein, desto höher können die Margen im Service und beim Ersatzteilverkauf sein und desto besser sind die Auftragschancen bei neuen, zukünftigen Projekten. Der Handelsvertreter soll durchaus gutes Geld verdienen, wenn er einen sehr guten Job macht. Immerhin muss er neben dem Lob im Fall der Fälle auch Querelen, Unzufriedenheit und Stress des Kunden aus erster Reihe ertragen und ausgleichen. Er ist der Stoßfänger, der Prallschutz zwischen Kunde und Hersteller. In Krisenzeiten degeneriert er zum Prügelknaben und erhält für seine emotionalen Belastungen und den zeitlichen Aufwand - nichts außer Ärger. Die Provisionen aus der Vergangenheit helfen da nur bedingt. Eine solche Situation kann über einen längeren Zeitraum nicht ertragen werden und ist zudem betriebswirtschaftlich nicht befriedigend. Dabei bedenken Sie: Die Handelsvertretung bemüht sich mit dem Sales Manager monate- oder gar jahrelang um einen größeren Auftrag, geht komplett in Vorleistung und erhält seine Provision größtenteils erst nachdem der Kunde alles bezahlt hat also nach Montage, Inbetriebnahme und Leistungserfüllung.

Praxistipp: Nehmen Sie sich Zeit, mit den Verantwortlichen Ihrer externen Vertriebspartner zu sprechen. Erfassen und verstehen Sie, warum es in deren Augen „hakt". Konzentrieren Sie sich dabei auf die Top 3 oder Top 5 Handelsvertretungen der wichtigsten Schlüsselmärkte. Vergleichen Sie deren Aussagen mit denen Ihrer Vertriebs- und Serviceniederlassungen. Erst dann können Sie diese Aussagen unter Berücksichtigung der jeweiligen individuellen Hauptinteressen richtig werten. Das Ziel muss sein, dass Ihre gesamte Vertriebsorganisation wieder Vertrauen in eine gute, erfolgreiche Zukunft gewinnt, an eine Perspektive glaubt und in der Übergangsphase bereit ist, hinter Ihnen zu stehen und Sie zu unterstützen. Diese Loyalität ist auf Basis der langjährigen Partnerschaft klar und deutlich einzufordern und der notwendige Zeitbedarf vorzutragen. Diese Klarheit ist notwendig, um die Zukunft erfolgreich gestalten zu können.

Wechsel der Handelsvertretung

Wenn Maschinenhersteller oder Handelsvertretung mit der Zusammenarbeit allerdings gar nicht mehr glücklich sind und nach diversen Diskussionen klar ist, dass sie es auch nicht mehr werden, kommt der Gedanke ins Spiel, sich konsequenterweise zu trennen und einen neuen Vertriebspartner zu suchen. Eine Entscheidung, die gut durchdacht sein muss. Nach meiner Erfahrung ergibt eine solche Vorgehensweise in guten Zeiten nur Sinn, wenn ein gemeinsamer zukünftiger Erfolg definitiv nicht mehr möglich ist und bereits eine sehr gute Alternative besteht.

Wenn bei der Handelsvertretung nicht gerade eine Generationsübergabe missglückt ist oder das Unternehmen selbst notleidend wird, sogar schon andere, wichtige Lieferanten verloren hat oder sich Kunden bereits negativ im Stammhaus über die Vertretung geäußert haben, sollten Sie keine Energie darauf verwenden, eine Alternative zu suchen – erst recht nicht in einer akuten Umsatzkrise. Ich betrachte vor einer Entscheidung dieser Tragweite immer die Chancen und die Risiken. Dazu befrage ich ebenfalls gerne die Kunden direkt unter vier Augen, wie zufrieden sie mit der Vertretung hinsichtlich Kommunikation, Service und

Reaktionszeiten sind. Danach kann ich sehr gut den Unterschied von Selbstbild und Kundenbild der Vertretung erkennen und bewerten.

Anmerkung: Bei den Gesprächen mit den Kunden vermeide ich das Thema Ersatzteilpreise – das geht oft nach hinten los. Wenn der Kunde mich selbst darauf anspricht, dass die Ersatzteilpreise viel zu hoch sind, dann verweise ich gern auf das Beispiel bei Druckerpatronen, wo eine störungsfreie Funktion nur mittels der Original-Produkte gewährt ist. Wer schon einmal billige Alternativen getestet hat, hat bestimmt die gleiche unschöne Erfahrung gemacht, dass der Drucker im falschen Moment streikt. Kunden kaufen sich nicht das Beste, sondern das, bei dem das Risiko für sie persönlich am geringsten scheint. Der Preis ist dabei zweitrangig - bis zu einem bestimmten "Schmerzniveau", wo der Kunde intensiv beginnt, nach Alternativen (oder Kopien) zu suchen.

Meine Empfehlung ist folglich, in Krisenzeiten die Handelsvertretungen in wichtigen Märkten nicht zu wechseln. Der Aufwand für den sauberen Trennungsprozess, die vertragliche Einigung, ggfs. Abfindung/Ausgleich, Kundenkommunikation, den weiteren Aufwand, wie Produktschulung für einen neuen Vertriebspartner und all die anderen Erfordernisse, die mit einem Wechsel in Verbindung stehen, ist langwierig und zeitaufwendig. Der Wechsel kostet Energie und Kapazität, die in der Krise nicht zur Verfügung steht bzw. an anderer Stelle benötigt wird.

Übrigens: Kunden haben ebenfalls recht interessante, wichtige Informationen, Meinungen und Erfahrungen über die Handelsvertretungen, so man sich direkt mit ihnen verständigen kann. Diese Gespräche bleiben jedoch selten vertraulich. Auch hier ist Offenheit und Ehrlichkeit in alle Richtungen stressmindernd.

Stattdessen empfehle ich, den Vertriebs- und Servicepartner „einzufangen". Sorgen Sie dafür, dass Sie zuversichtlich wirken, sagen Sie zu, dass Sie sich mehr um ihn zu kümmern werden und gerne dazu beizutragen, dass er (wieder) mit dem Produkt- und Dienstleistungsportfolio des Maschinenherstellers erfolgreicher wird. Bisher bin ich mit dieser Vorgehensweise immer gut gefahren. Zugleich können bei einem offenen Gespräch dann auch Dinge angesprochen werden, die auf Seiten der Vertretung verbesserungswürdig zu sein scheinen. Sei es auf Basis der Aussagen von Vertriebs- oder Servicemitarbeitern, der Kundenhinweise oder eigener Eindrücke. Dazu hilft ein persönlicher Besuch zumindest bei den Top-3 oder Top-5 Absatzmärkten, wenn möglich. Dabei merke ich dann, wie die Vertriebs- und Servicemitarbeiter der Handelsvertretung agieren und ticken.

Vorab ersuche ich die Vertriebsleitung um Aufklärung, wie die Kommunikation zu den Vertriebspartnern aufgebaut ist, wie die Vertretungen in die Budget- und Umsatzplanung involviert und geführt werden. Gibt es einen regelmäßigen Austausch, ein ordentliches regelmäßiges Reporting – nicht nur für die Jahresumsatzplanung des Folgejahres sondern quartalsweise für die kommenden sechs Quartale etc.? Wie sehen die Verträge aus? Beinhalten die Verträge Anreize, wie z.B. Volumenanreiz oder Produktvorzüge? Ich achte aufseiten der Vertretungen genau darauf, welche anderen Hersteller ebenfalls vertreten werden und womit bzw. mit wem die Handelsvertretung am meisten Geld verdienen. Wenn der Umsatz inkl. Ersatzteile und

Service unter 10% des Gesamtumsatzes der Vertretung liegt, dann bin ich bereits gewarnt, ob der Partner ausreichend motiviert ist, vollen Einsatz zu geben. Dann beginne ich zu zweifeln, ob es sich langfristig um einen wertvollen Partner handelt. Alternativ lohnt sich immer die Überlegung, den Partner zu entwickeln, oder, wenn keine Entwicklung möglich ist, mittelfristig nach Alternativen zu suchen.

Eine wichtige Erkenntnis möchte ich hier noch hervorheben: Eindeutige Indizien für eine erfolgversprechende Kooperation mit einem externen Vertriebspartner sind: Gut organisierte, ordentliche, saubere und aufgeräumte Betriebs- und Lagerräume und ein aufmerksames, kompetentes, motiviertes Team. Das hatten bisher ALLE guten und erfolgreichen Handelsvertretungen gemeinsam, mit denen ich bisher zusammenarbeiten durfte - egal, auf welchem Kontinent, egal, in welchem Land. Wenn Büros oder Lagerräume einen unordentlichen und schmuddeligen Eindruck machen, ist für mich eine langfristige Zusammenarbeit deutlich in Frage gestellt und zwar unabhängig davon, in welchem Land oder in welchem Kulturkreis ich mich bewege. Ein engagiertes Team komplettiert und krönt jeden erfolgreichen Geschäftspartner.

Post Merger Integration (PMI) mit Wechsel der Handelsvertretung

Und nun ein dringender Appell an alle Verantwortlichen, die ein Maschinenbauunternehmen aufkaufen und in bestehende größere Organisationen integrieren möchten. So zügig und konsequent, wie in vielen Bereichen Synergien und Verschlankung stattfinden sollen und müssen:

Bei den externen Vertriebspartnern in Schlüsselmärkten halten Sie bitte unbedingt Abstand von übereilten Aufkündigungen langjähriger Vertriebspartnerschaften des zu integrierenden Unternehmens. Was in vielen anderen Branchen funktioniert, ist hier ein großes Fettnäpfchen, in das Sie treten, wenn Sie zu ungestüm an den Änderungsprozess in diesem Bereich herangehen.

Insbesondere in wichtigen, umsatzstarken Ländern und Regionen des übernommenen Unternehmens ist es immer äußerst delikat und hat weitreichende Folgen, sich von erfolgreichen, treuen und langjährigen Handelsvertretern zu trennen. Nur weil eine solche Trennung und damit Verschlankung auf dem Organigramm gut und aufgeräumt aussieht hat es nicht unbedingt automatisch auch positive Effekte in Bezug auf den zukünftigen Vertriebserfolg, sich konsequent auf einen Vertreter – und zwar zumeist den, der größeren Organisation – festzulegen. Manchmal vertreten infolgedessen gar Konkurrenten die nun zu Geschwistern gewordenen Anlagenlieferanten.

Bitte bedenken Sie immer, was es wirklich bedeutet, wenn der „große" Vertreter nun ein komplexes neues Produkt „einer neuen kleinen Schwester" in sein Portfolio aufnehmen soll. Das ist zum einen ziemlich anstrengend und zum anderen achten Sie darauf : Dieses Produkt wird definitiv zum „Minderheitsprodukt", auch wenn der „neue" Handelsvertreter zum Wohlgefallen der größeren Organisation verspricht, sich um das Produktportfolio des neuen Familienmitglieds zu kümmern. Das geht oft daneben, da sich die

Priorität und der Fokus immer wieder auf das einträgliche, bereits bekannte Produkt konzentriert. Wenn diese Vorgehensweise absolut unvermeidbar ist, dann sind viele Abstimmungsgespräche und längere Übergangsfristen erforderlich. Gehen Sie mit den Kunden ins Gespräch und hören Sie gut hin, was die Klientel zu sagen hat. Diese Gespräche haben mir immer sehr geholfen, gute Argumente für die Entscheidungsfindung zu sammeln und wichtige Aspekte bei den zuvor genannten Abstimmungsgesprächen aufzunehmen.

Bestandskundenpflege

Hier noch eine Binsenwahrheit: Wir wissen um die hohen Vertriebskosten. Vertrieb ist wichtig: Was machen wir uns doch Gedanken, was engagieren wir uns, was tun wir nicht alles, um neue Kunden zu gewinnen? Wir scheuen meist kaum Kosten und Mühen.

Wenn es ein Unternehmen schafft, die Bestandskunden hochzufrieden zu machen und deren Zufriedenheit auf hohem Niveau zu halten, dann reduziert diese Bestandskundentreue die Vertriebsaufwendungen deutlich und zwar nicht „nur" aufgrund von Folgeaufträgen.

Bestandskundentreue und -begeisterung sind die Grundlage für eines der mächtigsten Verkaufsargumente überhaupt: Die Kundenempfehlung, die Referenznennung und deren proaktive Bekanntmachung/Veröffentlichung.

Zudem sind zufriedene Kunden ein hervorragendes Fundament für ein profitables Service- und Ersatzteilgeschäft! Erst, wenn das Wartungs-, Service- und Ersatzteilgeschäft NICHT mehr zufriedenstellen, sucht die Kundschaft nach Alternativen und der Maschinenhersteller verliert nicht nur wichtiges Ersatzteilgeschäft. Ja, alle wissen es: Kümmern Sie sich um die Bestandskunden - dennoch wird es nicht von jedem beherzigt. Darum schreibe ich es hier nochmals.

Übrigens: Einige Anlagenbauer haben hochinteressante Geschäftsmodelle entwickelt und erfolgreich umgesetzt. Viele Unternehmen hatten bereits vor der Corona-Pandemie mit starken Auftragsrückgängen und sinkenden Margen im Neuanlagengeschäft zu kämpfen. Als Antwort haben einige Hersteller verstärkt Fokus auf ihr Service- und After-Sales-Geschäft im Sinne von Servitization gelegt, u.a. aufgrund der stabileren Umsätze und der deutlich höheren Margen von Services. Servitization bietet eine hochinteressante Möglichkeit für Maschinen- und Anlagenbauer, sich vom Wettbewerb abzuheben, denn Hersteller, die das Potenzial ihrer installierten Basis ausschöpfen, können ihren After-Sales Service Umsatz sehr deutlich (ca. 20% - 60%) steigern.

Das Maß von Servitization, wie es beispielsweise die BHS Corrugated Maschinen- und Anlagenbau GmbH anbietet, finde ich überaus interessant und anregend für viele Anlagenbauer in unserem Land. Hier wird nicht mehr ausschließlich die komplette Produktionsanlage als Investition angeboten, sondern die Produktionskapazität und deren Verfügbarkeit als Dienstleistungspaket über einen längeren Zeitraum.

Wir können hierzulande stolz auf unser Betriebsverfassungsgesetz sein – es ist zwar nicht perfekt, jedoch ist hier klar herauszustellen: Auch hier zählen die Menschen, die dahinter stehen und insbesondere deren wirkliche, wahre Intention.

BETRIEBSRAT UND GEWERKSCHAFT - DELIKAT

Dass der Betriebsrat ein überaus wichtiger Baustein bei der Krisenbewältigung ist, ist offensichtlich. Gleichzeitig ist die Zusammenarbeit mit Betriebsräten immer ein delikates Thema.

Arbeitnehmervertretungen können Fluch oder Segen sein. Gerade im Bereich der IG Metall sind Betriebsräte meist schon lange Zeit etabliert und werden oft durch die Gewerkschaft stark beeinflusst. Und auch, wenn ich mir vollauf bewusst bin, dass dieser Teil des Buches nicht ausschließlich Sympathiebekundungen zur Folge haben wird, werde ich auch hier vollends ehrlich sein und meine Meinung und Erfahrung kundtun – auch wenn sie manchen Lesern oder Beteiligten nicht in den Kram passen wird.

Wir kennen allesamt die idealistische Grundintention der Gewerkschaften. Wahrhaftiges und ehrliches Engagement im und für das Interesse der Belegschaft und der Gewerkschaftsmitglieder. Leider gibt es auch den Drang zu reinem Eigennutz und zur Provokation von medienwirksamen Scharmützeln mit Arbeitgebern, um Reputation zu generieren und neue Mitglieder zu werben. Sie denken, ich übertreibe? Mitnichten. Letzteres ist beispielhaft erst im September

2021 vorgefallen - unter den Augen der Öffentlichkeit und teils großer Belastung von Bürgern sowie der Handlungsunfähigkeit der Politik. Initiator war die GDL (Gewerkschaft Deutscher Lokomotivführer), eine der beiden Eisenbahnergewerkschaften. In diesem Streik ging es nicht um das Wohl der Gewerkschaftsmitglieder, sondern um die brutale Generierung neuer Mitglieder bzw. um Abwerbung von Mitgliedern von einer Wettbewerbsgewerkschaft auf Kosten vieler Menschen, die keine Einflussnahme auf die Auseinandersetzung hatten und die auf die Bahn angewiesen sind.

Bestimmt wissen Sie in Ihrem Unternehmen, wie Stand und Stärke des BR und dessen Vorsitzender sind. Wie groß ist der Rückhalt des BR in der Belegschaft? Wie erfahren sind die jeweiligen BR-Mitglieder, wie lange sind sie bereits im BR engagiert? Wie stark, unabhängig und selbstbewusst ist der Betriebsratsvorsitzende und seine Stellvertreter als Meinungsbildner und Moderator für den gesamten BR und für die gesamte Belegschaft? Wie verlaufen Zusammenarbeit und Kommunikation zwischen BR und Geschäftsführung? Davon hängt ab, inwiefern sich alle Seiten unterstützen, ob es kreative aber zielorientierte Diskurse gibt oder das Verhältnis eher ein belastendes Belauern und ständiges Malträtieren ist.

Dabei gilt: Je jünger, unerfahrener und unsicherer der BR ist, desto größer ist die Gefahr, dass die Gewerkschaft zu jedem Kleinkram involviert, gefragt und um Meinung angesprochen wird.

Diese Vorgehensweise der ständigen Rückversicherung kann ein echter Klotz am Bein sein und eine erfolgreiche Krisenbewältigung enorm gefährden oder zumindest stark behindern.

Ich kann Ihnen nur wünschen, dass Sie bei Ihren Mandanten ausschließlich Betriebsräte erleben, die die originären Ziele eines BR im Interesse der Belegschaft verfolgen und sich nicht durch regional unterschiedlich politisierte Gewerkschaftsverantwortliche zu sehr beeinflussen lassen. Ja, mir ist bewusst, dass das nicht jeder gerne liest - doch die Beeinflussung ist gang und gäbe.

Dazu eine Geschichte, die genau so (oder so ähnlich) bei einem meiner ersten Mandate passiert ist und bei der beinahe die Rettung und erfolgreiche Sanierung eines mittelständischen Maschinenbauers missglückt wäre.

Diese Erfahrung bei einem meiner früheren Restrukturierungs-Mandate hat mich sehr geprägt und ich hoffe, dass Ihnen diese Geschichte helfen wird, zukünftig den BR und die Gewerkschaftsvertreter sehr aufmerksam zu betrachten. Zur Vorgeschichte: Ein traditionsreiches Familienunternehmen wurde kurz vor der Insolvenz von einer größeren Organisation erworben. Es folgten ungewisse Zeiten und seitens der Belegschaft Angst vor Entlassungen, wie sie sie in mehreren Jahren des Niedergangs zuvor scheibchenweise erleben musste. Das letzte Tafelsilber wurde verkauft und die finalen Liquiditätsmöglichkeiten sowie Quick Wins kreativ gehoben. Innerhalb kurzer Zeit wurde das Unternehmen verschlankt. Dennoch blieb es defizitär. Es wurde zudem ein neues ERP-System eingeführt – nach meinem Dafürhalten viel zu früh. (Die Erfahrung gibt vor: Erst aufräumen und optimieren, bevor ein neues ERP Einzug hält und modulweise eingebracht und implementiert wird. Aber das ist ein anderes Thema...) Schließlich durfte ich dann meinen Beitrag zur Gesundung beitragen und bereits nach wenigen Monaten waren wir auf einem sehr guten Weg. Die Prozesse wurden schulmäßig kaskardiert, nach und nach wurde die komplexe Prozesslandschaft transparenter, das Produktportfolio bereinigt, hochinteressante Neuentwicklungen am Markt vorgestellt, die Reklamationen um über 90% reduziert – es ging zügig voran. Die internationale Vertriebsorganisation in den Kern- und Schlüsselmärkten wurde neu strukturiert und motiviert. Schließlich gingen auch die Auftragseingänge deutlich nach oben und es war abzusehen, dass die Chance auf eine „schwarze Null" für das laufende Geschäftsjahr möglich war.

Die Finanzpartner/Banken wurden selbstverständlich proaktiv und regelmäßig über die deutlichen Fortschritte informiert. Die Lieferanten goutierten die regelmäßige, proaktive, offene Information über Auftragsstati sowie Projekte und zu ihren entsprechenden Angeboten. Das Vertrauen aller Stakeholder wuchs und wenn es vereinzelt zu Lieferverzügen kam – ob durch das Unternehmen oder auch kundenseitig begründet - waren die Lieferanten geduldig, auch dann, wenn die originären Zahlungsziele ab und an nicht tag-genau eingehalten wurden. Die Geschäftspartner konnten sich trotz allem darauf verlassen – und vertrauten darauf - dass das Unternehmen ihre Forderungen immer begleichen würde und es nie unangenehme Überraschungen gab. Das half der Firma durch manche Liquiditätsdelle.

Nun war das Unternehmen also auf einem guten Weg, bis ein Kunde, der einen größeren Auftrag erteilt hatte, es über eine erforderliche, spätere Lieferung informierte: Der Kunde war mit der Erstellung seiner eigenen Infrastruktur vor Lieferung der Anlage im Verzug und bat um eine Lieferverschiebung um zehn Wochen von Dezember in den März des Folgejahres. Autsch! Zwar konnte die Firma einen erheblichen Zahlungsanteil mit Meldung der Lieferbereitschaft in Rechnung stellen, jedoch den kompletten Lieferumfang fakturieren konnten sie im laufenden Jahr nicht mehr. Sehr ärgerlich, aber nicht ganz so dramatisch – dachte ich seinerzeit zumindest.

Der Mehraufwand wurde vom Kunden zwar später weitestgehend ausgeglichen, die Warenbestandsbewertung zum 31.12. war zwar höher als geplant, jedoch glich diese nicht den gesamten Lieferumfangswert aus, da u.a. ein Dienstleistungsanteil ausblieb. Das größere Problem war die Liquidität. Es fehlte zwar nur ein recht überschaubarer Betrag an der „schwarzen Null" und der Kontenstands-Vorgabe - doch er fehlte eben. Ich schaute mir alle Möglichkeiten an, wie ich die Kreditlinien einhalten konnte - doch egal, wie ich es auch drehte und wendete, alle zusätzlichen Optionen brachten nicht genug ein, um die Differenz auszugleichen. Es gab nur noch eine einzige Möglichkeit, die ich in petto hatte, allerdings benötigte ich dafür das Einverständnis des Betriebsrates und der Belegschaft.

Nun wurde es richtig anstrengend.

Die Hausbanken waren natürlich nicht erfreut, dass der Forecast plötzlich nicht so gut aussah wie noch im vorangegangenen Quartal präsentiert. Zudem hatte es Im Hausbankenkonsortium kurz zuvor mehrere Personalwechsel gegeben. Die Vorgehensweise der Verantwortlichen hatte ich in der nun folgenden Ausprägung auch noch nicht erlebt. Bisher waren die Bankenvertreter, mit denen ich arbeitete, immer mehr oder weniger vernünftig gewesen. Schließlich wurde dem Unternehmen von den Finanzpartnern aufgetragen, entweder innerhalb einer bestimmten Frist mehrere Dutzend Mitarbeiter zu entlassen oder es würde schlimmste Konsequenzen haben. Das vorrangige Ziel der Finanzpartner war es, dass die Liquidität zum Jahresende ein vorgegebenes Niveau erreichen muss - und das anscheinend um jeden Preis. Dass Banken keine unschönen Überraschungen mögen ist ja bekannt, aber dass ein relativ überschaubarer Fehlbetrag diese Reaktionen auslösen würde, hatte ich nicht erwartet und so zuvor noch nie erlebt. (Wieder was gelernt - und die Bestandsbewertungen habe ich mir ab diesem Zeitpunkt stets etwas genauer angeschaut in Bezug auf die Gesamtleistung...).

Aber als agiler Optimist war ich noch recht entspannt. Es ging ja "nur" um eine vorübergehende, kurzzeitige Liquiditätslücke. Wie bereits erwähnt, hatte ich noch eine Lösungsidee und somit noch ein Ass im Ärmel: Ich sprach also mit dem Betriebsratsvorsitzenden und seinem Stellvertreter.

Beide waren erst wenige Monate zuvor neu gewählt worden. Ich hatte es mit recht jungen, selbstbewussten, pfiffigen und engagierten BR-Vorsitzenden zu tun. Mein Verhältnis bewertete ich als durchaus gut. Bislang unterstützte ich sie stets in ihren neuen Rollen, gab Hilfestellung, wo nötig und war immer offen, fair und ehrlich zu ihnen. Bei Erfolgsmeldungen ließ ich den BR zudem immer gut aussehen. Die beiden waren wissbegierig, engagiert und hatten eigene, gute Ideen, die ich gern im Firmeninteresse unterstützte. Und wenn es doch einmal dazu kam, dass hart gerungen werden musste, dann gab es immer eine Lösung oder einen Kompromiss im Interesse von Belegschaft und Firma.

Also sprach ich die beiden BR-Vorsitzenden an und umschrieb ihnen die Situation, vor die uns die Banken gestellt hatten. Ich erläuterte ihnen die Fakten mit Fallunterscheidung samt möglicher Konsequenzen. Dann kam ich zu meinem Lösungsgedanken und ersuchte sie um wohlwollende Prüfung meines zustimmungspflichtigen Vorschlags, der wie folgt lautete: Auszahlung des tariflich zugesicherten Weihnachtsgeldes nicht mehr im laufenden Jahr sondern mit einem Quartal Verzögerung zu Ende März des Folgejahres. Da ich auf keinen Fall die Dynamik des positiven Wandels stören wollte, wollte ich ein klares Zeichen der Sicherheit geben. Deshalb bot ich im Gegenzug eine Garantie im Rahmen einer Betriebsvereinbarung an, dass es bei Akzeptanz dieses Vorschlages zu keinen betriebsbedingten Kündigungen über einen längeren Zeitraum kommen würde. Im Rahmen einer quartalsmäßigen Belegschaftsversammlung wollte ich neben dem üblichen Statusbericht mit ein paar guten Nachrichten und Erfolgsmeldungen meinen Vorschlag vorstellen.

Wie ich schon gedacht hatte: Ich bekam positive Reaktion vom BR-Vorsitzenden und seinem Stellvertreter.

Es ist keinesfalls eine enorm schlechte Nachricht, wenn ich als Mitarbeiter das Weihnachtsgeld drei oder vier Monate später erhalte – Hauptsache ich bekomme den Betrag in jedem Fall und darüber hinaus, so wie in diesem Fall, sogar weitere Sicherheiten und Zugeständnisse.

Wenige Tage später erfolgte die Belegschaftsversammlung als Stimmungstest und alles schien soweit in Ordnung zu sein. Die Betriebsvereinbarung musste derart formuliert werden, um eine

Rückstellung zu vermeiden, war jedoch zügig entworfen und ich war der Überzeugung, dass das Thema zeitnah positiv abgeschlossen werden konnte.

Zwei Tage später merkte ich, dass ein Teil der Belegschaft unruhig wurde.

> *Praxistipp: Änderungen in der allgemeinen Gefühlswelt der Belegschaft bemerkt man am besten in der Produktion oder im Angestelltenbereich in der Buchhaltung oder im Vertriebsinnendienst.*

Die Stimmung in den Pausenräumen und der Kantine war anders, irgendwie unruhiger. Auf meine Nachfragen, was der Grund für diese Unruhe sei, wurde ich an den BR verwiesen. Ich ging auf den BR-Vorsitzenden zu und fragte nach den Ursachen. Die Antwort überraschte mich: Zwei Kollegen aus dem BR hatten sich an die Geschäftsstelle der IG-Metall gewandt und um Rat und Unterstützung angefragt, um in diesem Thema, das mit den BR-Vorsitzenden eigentlich bereits vorab besprochen war, keine Fehler zu machen. Dieser Unterstützungsforderung von den beiden unsicheren BR-Mitgliedern konnte sich der BR-Vorsitzende nicht erwehren. Die Geister waren gerufen, zumal die örtliche Geschäftsstelle der IGM zusätzlich bereits die Bezirksleitung alarmiert hatte.

Als ich davon erfuhr, war das keine schöne Nachricht, denn der damalige Geschäftsführer der Bezirksleitung der IGM war bekannt für seine recht aggressive, laute Art.

Noch am gleichen Tag terminierte der BR eine Betriebsversammlung, zu der ich ebenfalls eingeladen wurde. Noch war ich optimistisch, dass mein Vorschlag in der Belegschaft Zustimmung finden würde. Die schriftliche Version der Betriebsvereinbarung war weitgehend ausformuliert und sollte der Belegschaft zur Abstimmung unterbreitet werden.

Die Betriebsversammlung verlief soweit ruhig – bis zum Ende meiner positiven Gast-Rede mit der abschließenden Bitte, dem Vorschlag zuzustimmen.

Danach ergriff der Politische Sekretär aus der IG Metall Bezirksleitung das Wort – und hielt eine recht aggressive, respektlose Brandrede gegen die Unternehmensführung, die Gesellschafter und alle anderen "Schlechtigkeiten und Ausbeuter" dieser Welt. Mit kruden Theorien und wirren Argumenten wiegelte er die Belegschaft auf und forderte schließlich, den Vorschlag abzulehnen. Eine Wortentgegnung zur Richtigstellung wurde mir verwehrt. Eine Gegenwehr und die erhoffte Unterstützung der jungen Betriebsratsvorsitzenden wurde durch das große Ego und die Stimmungsmache des Gewerkschafters im Keim erstickt.

Dann kam es zur Abstimmung. Sicher können Sie sich vorstellen, wie das Ergebnis ausfiel: Der Vorschlag wurde mit einer knappen einfachen Mehrheit abgelehnt.

Alle sollten also pünktlich ihr tarifliches Weihnachtsgeld erhalten und dafür würden dann ein paar Dutzend Kolleginnen und Kollegen ihren

Job verlieren. Somit hatte sich ein Teil des Auditoriums selbst ans Messer geliefert.

Ich wollte es nicht wahrhaben. Die ganze Mühe der vergangenen Monate sollte umsonst gewesen sein? Unser Betriebsratsvorsitzende und sein Stellvertreter saßen im sich schnell leerenden Saal wie begossene Pudel auf dem Podium und verschwanden dann im BR-Büro mit der „Gewerkschaftsgröße".

Ich musste an die frische Luft und ging zum Parkplatz. Ich setzte mich in meinen Wagen und fuhr ihn schließlich vor den Gewerkschaftswagen, den ich somit blockierte. Ich wollte verstehen, was diesen Gewerkschaftsbonzen so sehr gegen eine – wie ich fand – gute Idee aufbrachte. Nach einiger Zeit kam er lächelnd über den Platz geschlendert. Ich ging ihm entgegen und fragte ihn nach seiner Intention. „Warum schicken Sie nun mehrere Dutzend Menschen, deren Interesse Sie ja vertreten sollen, in eine ungewisse Zukunft – nur wegen drei Monaten Liquiditätsnachteil? Das ergibt keinen Sinn."

Seine Antwort: „Herr Löhmer, möglichst viele Entlassungen sind mein Ziel. Wenn die Entlassungen ausgesprochen sind, werden wir wiederkommen. Es werden dann viele Menschen mit roten Fahnen hier vor dem Hauptgebäude stehen und lauthals demonstrieren mit einer Horde Pressevertretern im Schlepptau. Dann werden Sie der Schuldige für den Verlust der Arbeitsplätze sein und werden ausgebuht."

Ich entgegnete: „Und was haben Sie dann davon, außer dass Sie eine gute Presse bekommen?"

Seine Antwort: „Was wir davon haben? Mehr neue Gewerkschaftsmitglieder. Wir werden das derart ausschlachten, dass wir ein Vielfaches an neuen Genossinnen und Genossen als Mitglieder für die Gewerkschaft landesweit gewinnen werden. Mehr, als Ihr Unternehmen hier insgesamt an Mitarbeitern hat. Darum käme es mir auch durchaus gelegen, wenn hier bald der ganze Laden zumacht. Dann können wir noch mehr Rabatz machen."

Puh, diese Aussage traf mich wie eine Faust in meine Magengrube. Ich entgegnete: „Sie liefern also einen Teil Ihrer eigenen Leute ans Messer, die, deren Interesse Sie vertreten sollen, um Ihre Mitgliederzahlen insgesamt nach oben zu treiben? Das ist pervers."

Seine Antwort: „Tja, funktioniert aber. Und nun lassen Sie mich raus. Ich will nicht zu spät zum nächsten Termin kommen." Unglaublich, oder? So zumindest war es damals für mich.

Warum ich Ihnen diese Geschichte erzähle? Damit Sie beim aktuellen oder nächsten Projekt sensibilisiert sind. Nehmen Sie möglichst den Betriebsrat immer frühzeitig mit ins Boot. Bedenken Sie, der BR steht unter kritischer Beobachtung der Belegschaft UND der Gewerkschaft. Begegnen Sie unverschämten Vorschlägen und Forderungen seitens des BR nie mit Sarkasmus. Überlegen Sie genau, wie Sie reagieren und welche Worte Sie wählen. Seien Sie respektvoll, aufmerksam und halten Sie die Faust in der Tasche, wenn der BR Sie provoziert. Natürlich müssen Sie sich auch nicht immer alles gefallen lassen, jedoch versuchen Sie, sich in die Lage und den Druck, den der BR häufig hat, hineinzuversetzen, insbesondere, wenn Sie wissen, dass die Gewerkschaft diesen Druck aktiv ausübt. Die Stärke und Richtung des Drucks ist dabei personenabhängig und regional unterschiedlich.

Der Mehraufwand, sich mit dem BR auszutauschen, ist absolut lohnenswert.

> *Praxistipp: Setzen Sie sich nicht nur zu Krisenthemen mit dem BR zusammen. Laden Sie proaktiv und regelmäßig den BR oder zumindest den BR-Vorsitzenden und seinen Stellvertreter zum Gespräch ein. Erklären Sie die neuesten Entwicklungen, den aktuellen Status und die nächsten Vorhaben – vom Inhalt und soweit es Sinn ergibt. Ein Informationsvorsprung ist immer gut für den BR, insbesondere, wenn es gute Nachrichten sind. Der gut informierte BR kann wiederum seine „Spezels" und Meinungsmacher „mitnehmen".*

Lassen Sie den BR durch geschickte Kommunikation auch eigene Lösungen und gute Lösungsideen entwickeln. Oder lassen Sie auch Ihre Lösungen oder die Ihrer Führungskräfte als Ideen des BR veröffentlichen. Das stärkt dessen Ansehen bei der Belegschaft und bringt Ihnen Bonuspunkte. Ich habe oft mit einer solchen Vorgehensweise und mit einem motivierten BR Dinge vorantreiben können, die ich selbst niemals vorgeschlagen hätte. Immer im Recht zu sein ist weniger wichtig, als die Gefahr, dass gute Maßnahmen nicht umgesetzt werden. Darum lassen Sie ruhig Gewerkschaft und Betriebsrat gut aussehen.

Teilen Sie auch Sorgen mit dem BR. Involvieren Sie den BR in Lösungsfindung und Lösungsumsetzung. Sie machen ihn dadurch mitverantwortlich für das jeweilige Projekt und dessen Umsetzung.

Wenn eine förderliche Kommunikation zwischen Geschäftsführung und BR wirklich nicht mehr zielführend ist und die Gespräche auf beiden Seiten nur noch mit aufgesträubten Nackenhaaren geführt werden, wird es RICHTIG anstrengend – aber das wissen Sie vermutlich. Eventuell ist es in solchen Fällen einen Gedanken wert, mit dem verantwortlichen Gewerkschafter zu sprechen oder einige Vier-Augen-Gespräche zu führen, um herauszufinden, was er oder sie wirklich will. Einen Mediator einzuschalten ist ein weiterer Gedanke.

Übrigens: Wenn Sie ein vertrauensvolles Verhältnis zur Belegschaft aufgebaut haben, ist es durchaus vorstellbar, den BR oder einzelnen Mitgliedern Druck zu machen. SIE können ebenfalls Meinung machen und Stimmung erzeugen, die dem BR nicht behagt. Das ist erfahrenen Betriebsräten durchaus bewusst. Der beste Weg ist jedoch immer noch der gütliche.

Wie ging die Geschichte nun aus? Mit sehr viel „Kreativität" konnte ich doch noch eine Lösung erarbeiten. Dabei halfen mir u.a. die Lieferanten sehr, die bereit waren, teils größere Rechnungstellungen auf den Januar des Folgejahres zu verschieben und die Zahlungsziele aktueller Forderungen zu verlängern. So konnte das Unternehmen die schwarze Null und die Kontenstandvorgabe doch noch erreichen. Außerdem wurde mir bewusst, dass ich mich noch mehr für das Vertrauen der Belegschaft engagieren und die Kommunikation mit dem BR intensivieren muss. Die Rettung wurde natürlich vonseiten der Gewerkschaft als Teilerfolg verkauft. Sie konnten verkünden, dass ausschließlich aufgrund ihres Drucks die Weihnachtsgelder pünktlich gezahlt wurden. Allerdings wurde dies nicht groß ausgeschlachtet, da es auch keine Gegenleistung gab.

Vertrauen ist das Gefühl, einem Menschen sogar dann glauben zu können, wenn man weiß, dass man an seiner Stelle lügen würde.

Adolf von Harnack

PERSONALMASSNAHMEN – WER'S RICHTIG MACHT, GEWINNT

Gerade in schweren, existenzbedrohenden Krisen sind Personalmaßnahmen und Entlassungen kaum zu vermeiden. Kündigungen werden von den Finanzpartnern erwartet, wenn nicht gar gefordert. Sanierungskonzepte geben häufig mit dem Druck der Banken vor, von wie vielen Mitarbeitern sich das Unternehmen mindestens zu trennen hat. Das ist meine persönliche Wahrnehmung.

Um das Überleben eines Unternehmens in einer schweren Krise zu ermöglichen, sind starke, personelle Einschnitte immer erforderlich. Die Personalkosten gehören mit dem Materialkostenanteil zu den zwei größten Kostenblöcken in einem Maschinenbauunternehmen und bieten damit einen der größten Einspar-Hebel.

Allerdings hat beides zwei Seiten: Ich betrachte sämtliche personellen Maßnahmen in Krisenzeiten, wie auch alle weiteren Projekte, als Chance für einen Reinigungsprozess, den es entsprechend konsequent von allen Verantwortlichen zu nutzen gilt. Die Rettung des Unternehmens, das Überwinden der Krise sowie die Zukunftsperspektive für die übrig gebliebenen Arbeitsplätze und Lebensinhalte stehen in solchen Situationen über dem Leid derjenigen, die sich bedauerlicherweise in der Opferrolle wiederfinden. Allerdings dürfen sie nicht vergessen werden: Es ist die Pflicht einer Führungskraft, auch für diese Menschen, die besonders betroffen sind, Verantwortung zu übernehmen.

Was mich immer wieder ärgert ist, dass in ALLEN Sanierungskonzepten, die ich bis heute gesichtet habe, ja ich wiederhole: In ALLEN Gutachten und Konzepten – auch die, an denen ich mich zur Umsetzung orientiert habe – die formulierten Personalmaßnahmen nicht ausreichend gut durchdacht waren. Alles, was mir bisher vor die Augen kam, war „Nullachtfünfzehn". Schade - denn ich bin davon überzeugt, dass mehr großartige Unternehmen in den vergangenen Jahrzehnten hätten gerettet werden können, wenn rund um das Thema personelle Maßnahmen externe Berater und/oder Verantwortliche deutlich mehr Hingabe und Engagement eingebracht hätten. Entlassungen sind eben nicht <u>nur</u> eine betriebswirtschaftliche Rechengröße und kaufmännische Notwendigkeit - sondern es stecken echte Menschen, deren Schicksal und deren Erfahrungswerte hinter jeder Zahl!

Ja, ich wiederhole nochmal: In Bezug auf die notwendigen Personalmaßnahmen in einer Unternehmenskrise werden – nach meiner Beobachtung - teils katastrophale Fehler mit weitreichenden Folgen begangen.

Um eines klarzustellen: Es geht mir bei diesen Prozessen und insbesondere in Krisen nicht um das unnötige Hochhalten von Beschäftigtenzahlen, sondern um eine gesamtheitlich intelligente und nachhaltige Lösung. Eine Lösung, um zum einen das Unternehmen aus der Krise zu führen und es zu retten und zugleich die Phasen nach der Rettung, nach der akuten Krise zu betrachten. Beides lässt sich miteinander vereinbaren, und zwar mit Weitblick, Verstand und Kreativität - teils auch mit Nutzung der Kurzarbeiterregelung.

Häufig wird standardisiertes Vorgehen bei Sanierungen herangezogen und Effizienzsteigerungen mit der Anzahl von FTE kalkuliert – eben „Nullachtfünfzehn". Dieses Vorgehen sieht zunächst unter Berücksichtigung aller anderen Maßnahmen einer Sanierungskonzeption betriebswirtschaftlich gut und plausibel aus. Jedoch ist es selten ausreichend gut auf das Unternehmen und die möglichen Potentiale im Detail ausgerichtet. Logisch, denn es lässt sich eine Menge Zeit und Mühe sparen, wenn man immer wieder den gleichen Rahmen für unterschiedliche Bilder nutzt, sprich, immer die gleichen Konzepte einfach über unterschiedliche Unternehmen stülpt, egal, ob sie passen oder nicht

Meine These: Das geht viel besser – und zwar, wenn man über diesen üblichen Rahmen hinaus denkt.

Stellen Sie sich vor, Sie fahren auf einem Schiff mit mehreren großen Lecks. Es droht, zeitnah zu versinken. Zeitgleich gibt es mehrere kleine Schwelbrände an Bord, die größte immanente Bedrohung sind jedoch die Lecks. Mit großer Anstrengung werden alle Kapazitäten genutzt – auch die, die dafür nicht vorgesehen sind – um fokussiert die großen Lecks zu stopfen. Zur Gewichtsreduzierung werden schließlich Mobiliar, die Fracht und u.a. auch Feuerlöscher und Feuerlöschpumpen über Bord geworfen. Schließlich können die Lecks so gerade noch kurz vor dem Sinken abgedichtet werden und das Schiff scheint vorerst gerettet. Allerdings – mit etwas Zeitverzug – geht das Schiff dennoch zugrunde, da es nun zu wenig Löschkapazitäten gibt, um die Feuer zu bekämpfen, die sich inzwischen zu einem Großbrand entwickelt haben. Somit hat man sich zwar auf das große akute Problem konzentriert – und dieses mit einer enormen Kraftanstrengung auch vorerst gelöst - aber den Untergang letztlich nur zeitlich verzögert. Gleiches gilt für Ihr Unternehmen. Zwar ist das Abdichten der Lecks überlebenswichtig, denn sie sind sichtbar und schreien förmlich nach Aufmerksamkeit, doch nach und nach kommen die Brandstellen in den Fokus. Das Ergebnis kennen Sie.

Bei jedweder Art von Leck, Schwelbränden und damit unternehmerisch einhergehenden Personalmaßnahmen betrachte ich vor der Umsetzung immer viele Aspekte. Der wichtigste ist es, für alle Maßnahmen eine professionelle, empathische, ehrliche Kommunikation für den Vertrauensaufbau zu pflegen. Denn ohne funktionierende Mannschaft werden Sie es niemals schaffen, alle Lecks zügig abzudichten und gleichzeitig auch noch Feuer zu löschen.

Vier Fragen

Ich möchte nun auf die vier Fragestellungen eingehen, die ich im Hinblick auf das Personalmanagement bei Sanierungen besonders betrachte und bewusst mit der entsprechenden Reihenfolge versehe:

1. Welches sind die wahren Quick Wins, die dringlichsten Erstmaßnahmen und was muss ich tun, um diese möglichst effizient und zeitnah zu heben?

Ja, DAS treibt doch alle Gesellschafter, Sanierungsberater und Interim-Geschäftsführer bereits zu Anfang um. Die Quick Wins, die „low hanging fruits", die bereits in den ersten Tagen eines Mandats angegangen werden können - nein **müssen!!!** Diese Früchte zu pflücken entspannt nicht nur relativ zeitnah die Liquidität, auch die kurzfristigen Erfolge sind Balsam auf die Seelen aller Stakeholder. Das Umsetzen, Veröffentlichen und Verbreiten von kurzfristigen Erfolgen setzt sehr hohe Energie und wichtige Motivation bei allen Beteiligten frei.

Warum stelle ich diese Frage heraus? Es ist doch selbstverständlich und allseits bekannt, dass man auf der Projektebene mit den Quick Wins anfängt, oder? Was hat das im Kapitel Personalmaßnahmen zu suchen?

Dazu zwei Anmerkungen:

Meine Erkenntnis ist, dass leider immer wieder sehr wichtige Aspekte in Gutachten, Berichten oder Konzeptionen fehlen. Ob in Produktion, im Service, bei der Lagerhaltung – da ist viel zu holen. Klar, die Punkte kennen Sie alle, wie auch weitere Organisationsmängel, offensichtliche Verantwortungslücken, Kommunikationsmängel, Reklamationsbearbeitung und –ursachen, Projektbearbeitung im Vertrieb etc. Viele weitere jedoch haben mir in den Dokumentationen bei Mandatsantritt bisher gefehlt – gerade bei den Themen, die spezifisch und insbesondere auf Maschinen- und Anlagenbauunternehmen zutreffen, wie bereits zuvor beschrieben.

Um die Quick Wins zu heben, brauchen Sie motivierte Leute mit internen Kenntnissen und Erfahrungen. Achten Sie mit viel Empathie auf offene Kommunikation und gehen Sie nicht – wie es oft praktiziert wird – mit dem Holzhammer vor, welches bitte nicht mit „konsequentem Handeln" zu verwechseln ist. In allen Experten- und Fachbüchern, Fachartikeln, Zeitschriften, White Pages, Blogs etc. lese ich, dass man „die Belegschaft mitnehmen", die intrinsische Motivation erzeugen soll. Die Praxis sieht viel zu oft völlig anders aus. Damit hatten wir uns bereits zu anfangs beschäftigt. Wenn Mitarbeiter wissen, dass sie das Unternehmen bald verlassen müssen, sind sie selten voll motiviert, Quick Wins mit Inbrunst im Unternehmensinteresse zu generieren. Das Timing der jeweiligen Kommunikation ist also ein delikates Thema.

Personalmaßnahmen und deren Umsetzungs-Zeitpunkte müssen auch in Anbetracht der Quick Wins Berücksichtigung finden. Zudem können Sie allein bei der Initiierung und im Laufe der Umsetzung der Erstmaßnahmen unglaublich viel von den Menschen im Unternehmen und deren Kultur lernen. Sie erfahren, wie das Unternehmen tickt.

Einen Plan zu haben hinsichtlich der Größenordnung der Personalmaßnahmen und wie viele Entlassungen in welchen Bereichen/Abteilungen augenscheinlich notwendig sind, mag auf

Basis eines Sanierungs- oder Restukturierungskonzeptes anfangs eine gute Orientierung sein – mehr aber auch nicht.

2. Die nächste Frage ist: Was sind die Kernkompetenzen des Unternehmens und wie sieht die zukünftige Ausrichtung aus? Stehen die Vision und das neue Unternehmensziel? Gibt es bereits eine Strategie zur Erreichung dieses Ziels? Ist die vorliegende Sanierungskonzeption, wenn vorhanden, stimmig? Steht „die Mannschaft" dahinter und glaubt daran? Und sehr wichtig: Sind Sie selbst davon überzeugt?

   Erst dann sind Sie in der Lage, die richtigen Entscheidungen zu offensichtlichen, notwendigen Personalmaßnahmen zu treffen. Hier ist das Ziel das Ziel – nicht der Weg. Aus dieser Perspektive ergibt sich häufig, dass die Maßnahmen umfangreicher werden, als vonseiten der Gesellschafter oder von den Banken erwartet. Wenn Sie ein Unternehmen retten wollen, müssen Sie die Handlungen dazu abhängig von der jeweiligen Situation im Unternehmen betrachten. Wie stark ist die Not, wieviel Zeit haben Sie, ist ein Sozialplan vorgesehen, gibt es ggfs. bereits ein Budget oder ist das Schiff schon kurz vor dem Versinken?

   Einige von Ihnen werden nun denken: Am Anfang steht doch immer die Vision/das Ziel! Ja, das ist richtig. Allerdings gilt es auch, die Strategie im Laufe der Sanierungsbemühungen immer wieder zu hinterfragen und an neue Erkenntnisse und Situationen anzupassen. Damit meine ich nicht ständige Richtungsänderungen, sondern notwendige Anpassungen, die zudem klar, zeitnah und ehrlich den Gesellschaftern und den Banken zu erläutern und zu begründen sind. Wer diese Flexibilität nicht besitzt, verpasst spannende Potentiale. Solche Richtungsanpassungen funktionieren natürlich bei KMU und Mittelständlern wesentlich besser als bei großen Organisationen und trägen Konzernen.

3. Die nächste Frage ist dann: Welches Wissen, welche Kenntnisse müssen auf- und ausgebaut werden? Was müssen das Unternehmen und die Belegschaft in Zukunft können, um sich im Markt und im Wettbewerb erfolgreich aufzustellen? Wer in der Belegschaft bzw. welche Abteilungen müssen wie weiterqualifiziert werden? Gibt es Positionen, die (später) neu extern zu besetzen sind oder Erfahrungsträger, die noch an anderer Stelle eine erfolgreiche Ausrichtung des Unternehmens mitgestalten können?

Nach der Rettung muss es einen klaren, aber flexiblen, sich der technologischen Entwicklung anpassenden Plan geben, wie das Unternehmen zukunftsweisend aufgestellt wird und wie dies finanziert werden soll. Digitalisierung, IT-Landschaft samt Cybersicherheit, ERP-System, CRM, Blockchain-Technologie... Da gibt es viele hochinteressante Möglichkeiten, die auch nicht immer teuer sein müssen. Krisen sind auch immer eine Chance, wie bereits mehrfach betont. Vergessen Sie bitte nie: Auch aus der Krise heraus entsteht die Chance, das ein oder andere Ass gegenüber dem Wettbewerb zu erarbeiten – so man ihn gut genug studiert hat.

4. Erst jetzt kommt die Frage, welche Unternehmensbereiche und welche Teile der Belegschaft sind für die Zukunftsfähigkeit der Firma

   a) absolut notwendig?

   Dabei betrachte ich immer die Geschäftsbereiche bzw. Abteilungen und die Belegschaft und deren Potentiale zugleich.

   Wie kann sichergestellt werden, dass unentbehrliches Schlüsselpersonal das Unternehmen nicht verlässt? Auch da habe ich schon schlechte Lösungen miterleben müssen.

   Beispiel: Ein genialer Entwicklungskonstrukteur mit großer Fachkenntnis im Bereich Verfahrenstechnik, ein wahrer Daniel Düsentrieb (wer mit dem Namen nichts anfangen kann, bediene sich bitte einer Suchmaschine) wurde bereits jahrelang vom Wettbewerb angesprochen und zum Seitenwechsel animiert – erfolglos bis dato. Technisch versierte, anerkannte Menschen sind nicht für ihre Wechselfreude bekannt, solange sie sich wohlfühlen. Kommt es zu einer schweren Unternehmenskrise kommt nach dem vorherrschenden, nicht-wechselwilligen Helfersyndrom allerdings irgendwann der Druck der Familie, des Lebenspartners und des privaten Umfeldes. Ob nun das Einfamilienhaus abbezahlt werden muss oder das Töchterchen im Ausland studieren soll: In der Regel brauchen diese Menschen Sicherheit. Wenn die Unsicherheit größer wird als der Wohlfühlfaktor, werden sie offener für Abwerbeversuche.

Der besagte Mann war eine absolute Schlüsselfigur im Unternehmen. Bei allen Kollegen sowie bei Freund und Feind hoch angesehen. Um diesen guten, wichtigen Mann zu halten, wurde er kurzerhand zum Leiter der Entwicklungsabteilung befördert, bekam ein deutliches Gehaltsplus und ein größeres Einzelbüro. Auf diese Weise wollte man ihn trotz Krise an das Unternehmen binden. Auweia, Sie ahnen es schon: Es dauerte keine 14 Tage, da war der gute Mann todunglücklich. Bisher wurde er anerkannt, gelobt und hervorgehoben, was für ein toller Entwickler er war – weil er in kürzester Zeit immer wieder neue technische Lösungen fand. Nun musste er plötzlich Dinge tun, die mit dem Entwickeln und Optimieren von Maschinen und Komponenten nichts, aber auch gar nichts zu tun hatten. Als Leiter einer Abteilung nahm er an Führungskräfte-Besprechungen teil und musste sich u.a. um Urlaubsplanung und Personaleinsatz in der Abteilung kümmern, prüfte Krankenstände, erstellte Zwischenzeugnisse, schlichtete Querelen und Streit und berichtete an den Bereichsleiter. Er hatte also keine Zeit mehr für das, was er am besten konnte und am liebsten tat: tüfteln, technische Lösungen erarbeiten und entwickeln. Zwar hatte er nun einen tollen neuen Titel auf der Visitenkarte und die bereits erwähnten Vorteile - aber ansonsten schob er nur Frust. Bei der Umsetzung der personellen Maßnahmen für den Entwicklungsbereich war das Unternehmen über das Ziel hinaus – nein – vorbeigeschossen. Doch Entscheidungen können widerrufen werden, wenn sie nicht optimal sind, so wie in diesem Fall. Die Lösung: Der Entwickler besetzte umgehend den neuen Posten als HTDE (Head of Technical Development Evaluation). So wurde er nicht degradiert, er hatte eine gute Story für sein Umfeld und war anschließend besser, motivierter und fleißiger als je zuvor. Er erhielt einen Dreijahres-AT-Vertrag mit anschließendem Übergang in ein unbefristetes Arbeitsverhältnis und einigen absichernden Zusagen. Er wurde zudem auf Reklamationen angesetzt und wurde mit seinen drei Kollegen zu wahren Helden der Firma.

Übrigens: Nehmen Sie sich unbedingt die Zeit, mit den Schlüsselpersonen Gespräche zu führen. Versuchen Sie herauszufinden, wie sie ticken, was ihre Sorgen sind, was sie antreibt, was sie nervt, was sie bremst, was ihnen Unwohlsein bereitet. Fragen Sie auch, was diese Personen gerne ändern möchten, was sie sich wünschen, um besser arbeiten zu können, oder sich wohl(er) zu fühlen. Sie werden staunen, welche Informationen und Antworten sie bekommen werden. Nur selten spielt das Gehalt eine Hauptrolle. Meist sind es ganz andere, oftmals auf den ersten Blick trivialen Dinge, die Menschen glücklich machen, wie etwa ein neuer Schreibtisch mit irgendwelchen technischen Funktionen, eine neue Schreibtischlampe, eine andere Kernarbeitszeit, oder auch ein Fensterplatz oder eine Blendschutz-Jalousie im Sommer, eine Rückfahrkamera im Firmenwagen oder oder oder...

Wenn Sie diese teils leicht und schnell zu erfüllenden Wünsche sofort (nicht erst im nächsten Quartal) umsetzen oder zumindest initiieren, haben Sie umgehend bei diesen Personen einen Stein im Brett und Vertrauen gewonnen. Ja, die Beschäftigung damit kostet etwas Zeit und etwas Geld, zahlt sich jedoch um ein Vielfaches aus. Passen Sie allerdings auf, dass sich diese Vorgehensweise nicht zu schnell herumspricht. Bei Forderungen und Wünschen und dem Wissen, dass es Möglichkeiten gibt, werden die Gefragten sehr kreativ.

Gehen Sie ohne oder mit sehr kurzer Vorwarnung zu diesen wichtigen Mitarbeitern und gehen Sie mit Ihnen spazieren, wenn es Umgebung und Wetter ermöglichen. Beim Spazierengehen habe ich stets die besten Gespräche – tausendmal entspannter als in einem Chefbüro oder in einem Besprechungszimmer. Ich nutze dann währenddessen für eventuelle Notizen gern eine Sprachaufnahme-App meines Smartphones.

Versäumen Sie es nicht, den direkten Vorgesetzten kurz zuvor zu informieren, dass Sie den Kollegen mal für eine halbe Stunde/ Stunde loseisen möchten.

b) Welche Unternehmensbereiche und welche Teile der Belegschaft sind für die Zukunftsfähigkeit der Firma äußerst wichtig und welche hilfreich?

Sind die sehr wichtigen und hilfreichen Leute auch bestens mit Arbeitsmitteln ausgestattet und ausgebildet? Sind sie optimal an der richtigen Stelle eingesetzt? Wer soll später weiter qualifiziert werden, um den nächsten Schritt zu gehen bzw. um die Zukunftsfähigkeit zu garantieren, etwa bei der Einführung neuer Technologien? Wer soll gefördert werden, wer hat noch Potential? Auf wen kann oder muss man verzichten – auch wenn es schmerzt?

Anmerkung: Unter Potential meine ich nicht, was ein Mitarbeiter aktuell zu leisten im Stande ist, sondern zu was dieser Mitarbeiter mittel- und insbesondere langfristig zu leisten im Stande sein kann, wenn er richtig eingesetzt, gefördert und qualifiziert wird. Das bedeutet, dass ggfs. ein aktuell stärker und besser qualifizierter Mitarbeiter – so er nicht zum Schlüsselpersonal gehört – seinen Job verliert und stattdessen der jüngere, ambitioniertere, talentierte Kollege, der besser ins Team passt und der zukünftig deutlich höheres Potential besitzt, als der erstgenannte Kollege, im Unternehmen gehalten wird. Die Grundlagen für eine solche, sicherlich im ersten Moment hart klingende, aber meist notwendige Entscheidung, ergibt sich stets aus der Gesamtsituation des Unternehmens.

c) Welche Bereiche und/oder Mitarbeiter werden zukünftig nicht mehr dazu beitragen können, das Unternehmen nach vorne zu bringen?

Gibt es unter diesen Mitarbeitern Talente und Potentiale, die das Unternehmen weiterbringen? Vergessen Sie dabei nicht, auch auf die Lehrwerkstatt (so noch vorhanden) oder generell die jüngeren Mitarbeiter zu schauen. Da gibt es oft fähige junge Menschen, die Talente und Potentiale über die aktuelle Position hinaus besitzen.

Es ist uns allen, die mit solchen Krisensituationen umgehen müssen, bekannt und bewusst, dass jeder Personalabbau auch einen unwiederbringlichen Verlust von Erfahrung und Kenntnis bedeutet. Deshalb ist immer zu hinterfragen, ob die entsprechenden Personen wirklich verzichtbar sind. Welche Möglichkeiten gibt es, eventuelle

Verluste zu kompensieren? Müssen sie überhaupt kompensiert werden? Oder ist ohne weiteres auf die Person und das Know How zu verzichten? Natürlich geht es bei akuten Krisen ums Überleben. Dennoch ist auch an die Zeit danach zu denken, falls das Unternehmen überlebt. (Sie erinnern sich an die kleinen Feuer...) Das Unternehmen braucht einen Plan, wie es personell nachhaltig weitergeht. Eventuell spätere notwendige Neuanstellungen nach wenigen Monaten bedeuten Rekrutierungsaufwand, Einarbeitung, Eingewöhnung etc. und kosten Zeit, Energie, Kapazität und Geld. Wie immer ist die Antwort von der jeweiligen Situation des Unternehmens abhängig.

Wenn Mitarbeiter nicht gehalten werden können, sondern entlassen werden müssen, empfehle ich stets eine hochanständige, respektvolle Kommunikation. Mancher, der seinen Job verliert entwickelt Frust, Enttäuschung, Verletzung und Angst

Umso wichtiger ist ein guter, wertschätzender, offener und fairer Umgang, so dass kein übermäßig großer emotionaler Scherbenhaufen entsteht und sich alle Beteiligten später noch in die Augen schauen können. Wer weiß, vielleicht spricht man einige Monate später nach einer Konsolidierungsphase über eine eventuelle Wiedereinstellung? Wenn in der Sanierungsphase achtsam kommuniziert wurde, ist das ohne unangenehme Gefühle möglich. Natürlich funktioniert eine solche Wiedereinstellung nur selten, aber nach meiner Erfahrung sind ca. 50% aller betroffenen Mitarbeitenden gesprächsoffen.

Ein weiterer positiver Nebeneffekt von wertegeleitetem, anständigen Miteinander ist, dass die weiteren notwendigen, schmerzhaften

Sanierungsschritte oder auch die Verhandlungen mit dem BR z.B. über einen Sozialausgleich merklich ruhiger von statten gehen.

Es gibt einen weiteren wichtigen Grund, eine vertrauensvolle Kommunikation zu pflegen: Bis zu ihrem letzten Tag im Unternehmen sollen auch die Mitarbeiter, die ihren Arbeitsplatz verlieren werden, weiterhin korrekt arbeiten. Gerade wenn weitere Projekte zeitgleich laufen, wie z.B. Reduktion der Reklamationsrate, Abarbeitung von Kundenaufträgen etc. ist es absolut hilfreich, wenn die Mitarbeiter noch ordentlich ihre Arbeit verrichten und sich nicht mit Rachegedanken und Sabotagebemühungen beschäftigen oder gar auf Krawall gebürstet sind.

Sie erinnern sich noch an die Mitarbeiter des zu schließenden Montagebaus, die vor ihrem letzten Arbeitstag in der Firma bereits bei einem anderen Unternehmen untergebracht werden konnten. Diese Art von Bemühungen hat bei meinen Mandaten immer kleine Wunder vollbracht. Ein paar Telefonate oder Mails, einige Ansprachen an andere ortsansässige Unternehmen genügen meist schon. Der Aufwand ist gar nicht so groß, um gerade ältere Mitarbeiter oder Mitarbeiter mit familiären oder finanziellen Notlagen zu vermitteln.

Ich habe sehr gute Erfahrungen damit gemacht und offene Türen eingerannt, wenn ich die Geschäftsführer von anderen Unternehmen anrief oder besuchte und ihnen gute Mitarbeiter empfehlen konnte, die ich im betroffenen Unternehmen nicht mehr halten konnte. Selbst wenn der Zeitpunkt nicht immer perfekt war und der Bedarf gerade nicht gegeben – viele Mitarbeiter konnte ich so vermitteln, dass sie schließlich schon vor dem Erhalt ihres betriebsbedingten Kündigungsschreibens einen neuen Job sicher hatten.

Es ist bekanntlich sehr aufwändig, gute Mitarbeiter zu finden. Und wenn die guten Mitarbeiter dann gefunden und für das Unternehmen gewonnen sind, geht der Aufwand noch weiter. Einarbeitung, Eingewöhnung, eventuell ist ein Umzug nötig, die Verfügbarkeit dauert noch eine Weile und noch viele weitere Unwägbarkeiten. Und dann ist immer noch nicht sicher, ob die Erwartungen an den/die neuen Kollegen/Innen wirklich erfüllt werden.

Wenn sich nun ein Geschäftsführer bemüht, einen oder mehrere seiner Mitarbeiter zu vermitteln, kann man sich auf Seiten des übernehmenden Unternehmens einen merklichen Anteil des Rekrutierungs-Aufwandes sparen sowie einen nicht unerheblichen Teil des Risikos vermeiden. Insbesondere bei älteren, ansonsten schwer vermittelbaren Leuten ist ein solches Engagement sehr hilfreich.

Wenn der Geschäftsführer nun die Geschäftsführung eines anderen Maschinenbauunternehmens mit den Worten anspricht: „Ich muss mich leider aus betrieblichen Gründen von einigen richtig guten Mitarbeitern trennen. Falls Sie Interesse haben z.B. an einem guten, erfahrenen CNC-Experten – ja, er ist schon 55 Jahre alt, aber fit und zuverlässig und zudem ein toller, angenehmer Mensch, zumal 10+ Jahre wird er ja noch arbeiten... Eine lange Einarbeitungszeit braucht er nicht...und fördern würde das die BfA (Bundesagentur für Arbeit) auch..." So oder mit ähnlichem Vorgehen habe ich – wenn ich diese Mitarbeiter wirklich mit gutem Gewissen anbieten konnte – Dutzenden der zu Entlassenden wieder einen neuen Job besorgt.

Was glauben Sie, was dieses Engagement und das daraus resultierende Ergebnis für eine Wirkung auf die Belegschaft und den Betriebsrat hat? Spätestens jetzt beginnen selbst Opportunisten Sie zu mögen, weil Sie sich über das normale Maß hinaus für Mitarbeiter mit einer unschönen Perspektive eingesetzt haben. Natürlich kostet diese Vorgehensweise Aufwand und Zeit – aber diese Zeit ist gut und wertvoll investiert und für alle Beteiligten vorteilhaft.

Das liest sich alles gut und schön. Doch es gibt einen Haken: Sie brauchen Zeit für diese Vorgehensweise. Zeit, die in einer schweren Krise selten im ausreichenden Maß vorhanden ist. Dann ist entsprechend konsequent zu priorisieren, um das Unternehmen zu retten und so zumindest die verbliebenen Arbeitsplätze mit deren Wissen im Interesse des Unternehmens zu sichern.

Praxistipp: Sprechen Sie mal mit unabhängigen Leiharbeitsexperten. Mit deren Hilfe und Wissen kann oft weiterer Personalbestand reduziert oder flexibler gestaltet werden, als anfangs gedacht und somit kann einiges an Personal und Wissen nahe beim Unternehmen gehalten werden. Diese Möglichkeit wird nach meinem Geschmack viel zu selten genutzt.

Achten Sie unbedingt auch auf einen weiteren Bereich, den After Sales Service (ASS). Die Service-Abteilung im Unternehmen hat je nach Krisenstatus bereits unschöne Erfahrungen von Kunden aufnehmen müssen. Bei Reklamationen, Mängeln, Schäden,

Produktionsausfällen, Ersatzteilversorgung etc. MUSS der ASS perfekt und schnell funktionieren können. Kundenbindung in der Breite und in der Tiefe erfolgt ausschlaggebend über einen hervorragenden ASS. Neukundengewinnung ist extrem teuer und aufwändig. Die Betreuung NACH dem Verkauf ist umso wichtiger, weil ein guter ASS bekanntermaßen recht profitabel ist.

Die Personen, die praktische Produkterfahrung und/oder Verfahrenskenntnisse besitzen sind für mich definitiv Schlüsselpersonen bei der Rettung von Unternehmen. Diese Mitarbeiter dürfen Sie nur im absoluten Notfall, oder wenn sie aufgrund ihres Verhaltens nicht mehr tragbar sind, vom Unternehmen trennen. Seien Sie auch da kreativ. Es ist ja schon Standard, dass z.B. Mitarbeiter, die aus Altersgründen oder krankheitsbedingt nicht mehr in der Endmontage eingesetzt werden können, gern im Einkauf oder in der Arbeitsvorbereitung oder im Innen-Service eingesetzt werden – eben weil sie wichtige, über Jahrzehnte gewonnene Produktkenntnisse haben. Dieses Wissen ist so schwer wieder aufzubauen. Das ist Teil der so wichtigen Kompetenz des Unternehmens, zu erkennen, was es zu bewahren und auszubauen gilt.

Für den ASS sind die Inbetriebnahme-Ingenieure, die Field-Engineers, Supervisor-Monteure, die Servicetechniker und die Steuerungsfachleute die wichtigste Erfahrungsressource. Diese Leute sind häufig bei Kunden vor Ort. Sie kennen die Mitarbeiter des Kunden, die Schwächen und Stärken der Produkte, der Maschinen und deren Komponenten und fast immer auch die der Wettbewerber – und deren Mitarbeiter. Sie sind das Aushängeschild des Unternehmens am Ort des Wirkens des Unternehmensprodukts - also beim Kunden

- und deshalb absolutes Schlüsselpersonal. Gern werden diese durchaus gut bezahlten Leute bei entsprechendem Lebensalter in den Vorruhestand versetzt oder in ein Büro verfrachtet. Das finde ich verheerend. Es ist nicht einfach, diese Menschen, die teils jahrzehntelang in der Welt herumgereist sind, auf einen Bürostuhl zu setzen. Jedoch, mit Geduld und vielen Gesprächen kann man sie überzeugen – zumindest für eine gewisse Zeit, bis das Unternehmen wieder auf stabilen Füßen steht – weiterhin bereit zu sein, Kunden bei produktbedingten Problemen zu helfen.

Sie können sich sicher vorstellen, wie es ist, wenn ein aufgeregter Kunde im Vollstress aufgrund einer stehengebliebenen Produktionsanlage im Service anruft. Wenn dann ein erfahrener, ruhiger Experte das Problem dieses Kunden sofort versteht, ihn am Telefon „abholt" und ihm das Gefühl vermittelt, dass ihm bestmöglich geholfen wird, ist das absolut kundenbindend. Wenn dann diese Hilfe auch noch ruckzuck umgesetzt wird und die Anlage zeitnah wieder läuft, dann ist dieser Service ein absolut wichtiges Verkaufsargument für alle teuren (manchmal auch überteuerten) Ersatzteile, wie auch bei einer zukünftigen Investition in eine neue Anlage/Maschine. Denn – auch das wird so bleiben – der Entscheid über den Lieferanten einer neuen Maschine wird neben vielen anderen Aspekten auch von denjenigen mitbestimmt, die für den Betrieb der Maschine verantwortlich sind. Ein „Stein im Brett" bei diesen Kundenmitarbeitern ist bei Kaufentscheidungen mitbestimmend. Das ist nie zu unterschätzen.

Fazit: Personalmaßnahmen sind extrem wichtig und müssen aufmerksam und sorgfältig geplant, bedacht und umgesetzt werden, damit das Unternehmen das Wissen und die Kenntnisse, die es in Zukunft benötigt, bei Entlassungen nicht für immer verliert.

Zugleich ergibt sich bei einer Krise immer die hochinteressante Chance, die Belegschaft des Unternehmens zukunftsfähig aufzustellen. Nutzen Sie diese Chance auf einen Reinigungsprozess konsequent und intelligent.

Die Rettung und die Zukunftsfähigkeit des Unternehmens, das Überwinden der Krise sowie die Zukunftsperspektive für die verbliebenen Arbeitsplätze sind das Ziel aller genannten Maßnahmen.

Ich behaupte, dass mit intelligentem Personalmanagement die Wahrscheinlichkeit, ein notleidendes Unternehmen retten zu können, um ein Vielfaches steigt. Gehen Sie an dieses Thema mit viel Energie, Herz und noch mehr Verstand heran – es lohnt sich.

Management ist eine kollektive Anstrengung unter Einsatz von Erfahrung, Intelligenz und Phantasie.

Alfred P. Sloan, ehem. CEO von General Motors

MEINE ORIENTIERUNGSHILFEN ZUR FÜHRUNG ZU VERÄNDERUNG - GRUNDSÄTZLICHES, INTENTION, MINDSET, KOMMUNIKATION

Wie den meisten Menschen hilft es auch mir, einen inneren Kompass zu besitzen, Orientierung zu haben, Leitplanken zu definieren; quasi einen Nordstern zu haben, der mir dabei hilft, meine Ziele nicht aus den Augen zu verlieren, den richtigen Weg zu finden und Verfehlungen zu vermeiden. Die Basis für diesen inneren Richtungsweiser bildet mein persönliches Wertesystem. Dieses persönliche Wertesystem und somit auch den eigenen Kompass besitzen alle Menschen. Jeder besinnt sich dessen. Im Folgenden beschreibe ich meine persönlichen Orientierungshilfen - Ihre hingegen mögen ganz andere sein.

Wenn ich mich mit einem Krisenszenario eines Mandanten beschäftige, ist mir absolut bewusst: Um ein Unternehmen (wieder) erfolgreich zu machen, muss ich Veränderungen und Verbesserungen liefern. Allerdings sind uns Menschen Veränderungen von Natur aus unangenehm und zwar IMMER. Was ist nun also nötig, um Veränderungsprozesse erfolgreich zu führen?

Alte Hasen können dieses Kapitel gern überspringen. Wer (noch) auf dem Weg zur Führungspersönlichkeit im Bereich der Unternehmenssanierung ist, dem empfehle ich allerdings, dieses Kapitel zweimal durchzulesen.

Zur Führung bei Veränderungsprozessen gibt es eine Menge gute Literatur, leider meist aus der Theorie und weniger aus der Praxis. Graue Theorie liegt mir nicht, das haben sie bestimmt schon bemerkt. Deshalb habe ich die folgenden Aspekte zusammengefasst, die ich in der Praxis immer wieder „zu unterrepräsentiert" und unzureichend angetroffen habe.

Zunächst dazu einige (vermeintliche) Selbstverständlichkeiten, deren Reflektion mir selbst jedoch immer wieder hilft, meine Handlungs- und Denkorientierung auszurichten und das richtige Mindset zu justieren.

Dazu bedenke ich immer wieder die Frage: Was ist eine Führungskraft bzw. eine Führungspersönlichkeit per Definition? Der Begriff Führungskraft besteht aus den zwei Worten Ausführung und Kraft.

Führung bedeutet, dass man etwas in eine gewisse Richtung bringt und daran aktiv arbeitet. Kraft bedeutet, dass man Energie investiert. Eine Führungskraft ist somit jemand, der führt und dabei Kraft sowie Energie einsetzt, sodass ein angepeiltes Endergebniss die Bemühungen krönt.

Im Englischen wird eine Führungskraft als „Executive" bezeichnet, abstammend vom lateinischen „Nachverfolgen". Eine Führungskraft verfolgt also das Erreichen vollständiger Endergebnisse.

Für mich persönlich ist die wichtigste Voraussetzung, um eine gute Führungskraft zu sein, die eigene Einstellung. Ich muss führen **wollen, Mut** dazu haben und bereit sein, Entscheidungen zu treffen und diese gegebenenfalls auch gegen Widerstände und im schwierigen Umfeld durchzusetzen.

Weitere absolut wichtige charakterliche Voraussetzungen, um als Verantwortlicher ein Unternehmen aus der Krise zu führen, sind u.a. Verständnis, Empathie, Respekt, Vertrauen, Akzeptanz, Kreativität, Neugier, Konsequenz, Wille, Durchsetzungsfähigkeit, Aufmerksamkeit und Disziplin. Diese Eigenschaften wachsen stetig weiter aus gelehrter sowie gelernter Kenntnis und Erfahrung. Die Basis dafür ist wahrlich der bekannte Satz, der mich seit Beginn meiner beruflichen Laufbahn begleitet: **Wer führen will, muss Menschen mögen.**

Eine Führungskraft moderiert Änderungen - und Änderungen provozieren Ängste. Ohne Änderung gibt es allerdings keine Verbesserung. Also muss eine Führungsperson Verbesserungen liefern. Dann schwinden auch Ängste.

Neben den notwendigen geistigen und analytischen Fähigkeiten ist das wichtigste Werkzeug, um in einer Organisation Verbesserungen anzustoßen und Ergebnisse zu liefern, die Kommunikation dazu.

Vor meinem geistigen Auge dient mir stets die Lehrwelt über Veränderungsprozesse in der Krise als Orientierung. Das ist für mich wie eine vereinfachte Checkliste eines Flugzeugpiloten.

Change und Kulturwandel durch Transformation

Jeder, der sich mit Change-Prozessen beschäftigt, kennt den Namen Kurt Lewin. Der Psychologe und Sozialwissenschaftler ging davon aus, dass jede Organisation bei einer Veränderung drei Phasen durchlaufen muss. Der Weg von der alten Struktur zur neuen Struktur geht über die Phasen: Unfreezing, Changing, Refreezing.

Dabei sind die Begriffe wie folgt definiert:

- Auftauen (Unfreezing): Die Krise klar machen und die Dringlichkeit aufzeigen

- Changing: Vision, Leitbild und Strategie gemeinsam entwickeln und umsetzen,

  Kommunizieren und Trainieren, Feedbackschleifen einbauen, Widerstände bearbeiten

- Einfrieren (Freezing): Veränderung als Standard festigen – Kontrollieren ob Standards eingehalten werden – Veränderung leben

Um diesen Prozess in allen drei Phasen erfolgreich zu gestalten, braucht es die richtigen Personen an den richtigen Stellen und deren Bewusstsein, welche Rolle sie in dem Veränderungsprozess einnehmen müssen.

Um das Vorgehen bei Krisen zu strukturieren habe ich stets die Dilts-Pyramide als gute Gedankenstütze für Veränderungsaspekte vor meinem geistigen Auge. Mir persönlich hilft dieses Bild sehr.

Abb. 1: Die sechs logischen Ebenen nach Robert Dilts

Diese Pyramide macht die Aspekte deutlich, die bei Veränderungen gern unberücksichtigt bleiben und diese dadurch in ihrem Erfolg gefährden.

Probleme bei Veränderungen sind meist auf der nächsthöheren Ebene zu finden.

Hier ein Beispiel:

Wenn ich das Verhalten der Mitarbeiter ändern will, muss ich mir Ihre Fähigkeiten anschauen.

Wenn es Schwierigkeiten bei den Glaubenssätzen gibt, dann liegt es eventuell an der Identität der Mitarbeiter oder der Firma.

Wie so oft im Leben ist es wichtig, den Sinn der Veränderung zu durchdringen. An dieser Stelle möchte ich Friedrich Nietzsche zitieren:

Wer ein wofür im Leben hat, der kann fast jedes wie ertragen.

Das Erklären des „WOZU", des Sinns einer Veränderung ist definitiv Führungsaufgabe.

Sie erinnern sich an die Geschichte von Harley Davidson?

Die zweite Führungsebene

Diese Motivation insbesondere in der zweiten Führungsebene zu manifestieren und das Management zu begeistern, ist erfolgskritisch.

Bereits zu Beginn des Buches habe ich die Wichtigkeit hervorgehoben, die zweite Führungsebene auf einem überzeugten Weg zu wissen, die das WOZU verinnerlicht und überzeugt hat. Die Personen der zweiten Führungsebene sind die Motoren, welche den Veränderungsprozess vorantreiben. Sie sind diejenigen, die Veränderungen um- und durchsetzen. Zugleich sind sie die wichtigen Schnittstellen zwischen der Unternehmensleitung und der Belegschaft.

Es ist unerlässlich, diese Führungskräfte davon zu überzeugen, dass sie einen großen, wichtigen, ja fundamentalen Part im Änderungsprozess innehaben. Der Erfolg auf dem anstrengenden Weg der Veränderung ist zu großen Teilen von ihnen abhängig. Die Überzeugung und Motivation dieser Führungskräfte ist eine der wichtigsten Aufgaben der Unternehmensführung, insbesondere zu Beginn der Krisenbewältigung. Selten wird sich für dieses Fundament ausreichend Zeit genommen.

Übernehme ich ein Mandat, dann spreche ich bereits in den ersten Tagen mit diesen Schlüsselpersonen intensiv über ihre Ängste, Hoffnungen, den idealen Zielzustand sowie über die Ursachen der Krise aus Ihrer Sicht. Weiterhin ergründe ich ihre Vorstellungen darüber, wie der Betrieb gesunden kann und was sie bereit sind, dazu beizutragen. Dabei entscheide ich in 80% der Fälle bereits innerhalb der ersten 10 Tage, wer für die Zielerreichung kurz-, mittel- und langfristig förderlich ist, wer mittelfristig unersetzbar scheint und wer nicht ausreichend mitzuziehen gewillt oder geeignet ist, um das Unternehmen erfolgreich in die Zukunft zu führen. In diesen Gesprächen bin ich aufmerksam, konzentriert und halte mich mit Worten zurück. Mein Redeanteil ist selten höher als ungefähr 20-30%. Die zweiten Einzelgespräche erfolgen kurz darauf immer im Rahmen eines Spaziergangs durch den Betrieb oder in dessen Umgebung.

Ziel dieser Evaluierungen und Gespräche ist es, ein eingeschworenes Führungsteam zu formen, das begeistert ist, an das Ziel glaubt und dem die Mitarbeiter vertrauen.

Dieses Führungsteam ist eine weitere Voraussetzung für eine erfolgreiche Unternehmensgestaltung und die Entwicklung von systemischen Lösungen und optimierten Prozessen.

Ich empfehle jedem Chef, seinen Führungskräften die Möglichkeit zu eröffnen, nachhaltig zu wachsen und sich zu entwickeln. Das gesamte Unternehmen wird davon profitieren, wie auch die Effizienz und das Zeitmanagement der zukünftigen Unternehmensleitung.

Wer auf andere Leute wirken will, der muss erst einmal in ihrer Sprache mit ihnen reden.

Kurt Tucholsky

KOMMUNIKATION ALS WERKZEUG ZUR UMSETZUNG VON VERÄNDERUNG

Ein Zitat von René Borbonus ist mir zu diesem Thema immer im Hinterkopf:

> ***„Das Passwort zum Leben und der Verbesserung ist Kommunikation."***

Dies ist ein wunderbares Zitat.

Das Wissen für (fast) alle Lösungen ist bereits in den Menschen vorhanden. Wenn ich gut mit denjenigen Personen kommuniziere, die Teil der Lösung sein sollen, bekomme ich die notwendigen Informationen, die dabei helfen, meinem Ziel näher zu kommen. Die Erkenntnisgewinnung kann dann genutzt werden, um Lösungskonzepte und -ideen zu finden.

Mir hilft es ungemein, mich vor jedem Gespräch und bei der Formulierung schriftlicher Nachrichten innerlich „in den Profi-Modus zu schalten" und mit der Geisteshaltung „Ich komme, um zu geben" in jede Interaktion zu gehen. Was muss ich tun, damit andere Personen und das Unternehmen von mir profitieren können?

Bei Diskussionen und Diskursen halte ich mich stets an die alte Regel: Rede, Gegenrede, Synthese. Damit kommt man der Wahrheit wirklich näher. Bei Uneinigkeit ist mein Ziel nicht zu bezichtigen, sondern zu widerlegen. Wenn ich faktenbasiert nicht widerlegen kann, wiederhole ich die Thesen und Argumente des Andersdenkenden und frage nach, ob ich dies oder jenes richtig verstanden habe. Erst dann beginne ich ggfs. mit der Gegenargumentation und zwar respektvoll, ruhig und klar.

Dialog braucht radikale Klarheit und Offenheit, Respekt und die Bereitschaft, das Gespräch als etwas anderer Mensch zu verlassen als derjenige, als der man es begonnen hat.

Zu einem fruchtbaren Dialog gehört auch durchaus, Klartext zu reden. Stellen Sie keine Fragen, wenn es keine alternative Handlungsoption gibt. Bieten Sie keinen Entscheidungsrahmen, den Sie dem Gegenüber nicht zugestehen können oder wollen. (Das habe ich bereits bei meinen Kindern falsch gemacht und auch noch heute bei meinen Enkelkindern...doch das ist ein anderes Thema)

Das „Was?" wird schnell vergessen, es kommt unbedingt auf das „Wie?" und das „Warum?" an, nicht nur um Führungskräfte, egal welcher Ebene, mit auf die gemeinsame Reise zu nehmen, sondern auch, um die Belegschaft dabei zu haben.

Was benötige ich nun, um diese so oft und viel beschriebene intrinsische Motivation in der Belegschaft aufzubauen? Auch dazu geben Erfahrung und Literatur viele Tipps und Vorgaben. Nach meinem Geschmack sind auch diese zumeist viel zu theoretisch umschrieben. Daher nun meine Interpretationen aus vielen Jahren Praxis.

Eine für mich wichtige Grundhaltung ist die bedingungslose Akzeptanz jedes einzelnen Mitarbeiters. Da spielt es keine Rolle, ob ich auf dem Chefsessel Platz nehme, eine Linienfunktion bekleide oder für die Reinigung zuständig bin. Mit dieser Akzeptanz werden Kräfte freigesetzt, die aus dem Gefühl heraus entstehen, Teil von etwas Größerem zu sein. Deshalb kenne ich auch nach kurzer Zeit den Namen der Reinigungskraft oder auch den Namen des jüngsten Lehrlings im Unternehmen. Denn Namen schaffen Identifikation und Identifikation schafft Akzeptanz.

Menschen gewinnen wir mit der Art und Weise, wie wir Fragen stellen und wie wir zuhören. Hinhören und Aufmerksamkeit mit wahrem Interesse schenken ist so wichtig. Dafür müssen Sie sich unbedingt Zeit nehmen!

Ich gebe zu, auch mir gelingt das alles leider nicht immer, jedoch der Gedanke daran und der Wille und die Motivation dazu sind meine steten Begleiter.

Praxistipp: Ich erzähle zum Einstieg von wichtigen Besprechungen, Meetings, Versammlungenn gern kurze Geschichten oder Zitate. Das regt an und bringt den richtigen Spirit in die Runde. Eine emotional positive Note zu Beginn eines Meetings oder eines Gesprächs kann den gesamten Verlauf der Veranstaltung sehr positiv bestimmen.

Sie haben in diesem Buch des Öfteren gelesen, dass Sie sich unbedingt Zeit nehmen sollen, weil dieses und jenes ja sooooo wichtig ist. Sie sollen sich um viele Dinge zeitgleich kümmern. Sie sollen sich kümmern um Gespräche mit dem Führungsteam, mit den Vertriebsmitarbeitern, mit dem Betriebsrat, mit Mitarbeitern aller Abteilungen, mit den Banken, den Lieferanten, den Gesellschaftern... das ist eine Menge! Das Thema Zeit ist also absolut kritisch.

Allerdings gehören für mich diese Gespräche zu den wichtigsten Bestandteilen der Führungsaufgabe einer Unternehmensleitung. Ohne diese vielen Gespräche und Moderationen funktioniert KEINE Transformation zum Guten, KEINE Veränderung zum Besseren. Authentizität ist dabei absolut wertmächtig.

Die Zeit dafür ist absolut notwendig denn alle diese Gespräche bestimmen die Geschwindigkeit bei Veränderungsprozessen. Sie sind erforderlich für die Motivationsgenerierung, die für Problemlösungen und die finale Umsetzung von Veränderungen fundamental wichtig ist. Wenn diese Zeit nicht ausreichend zur Verfügung steht, dann missachte ich die zeitliche Dringlichkeitskomponente und riskiere den Erfolg des gesamten Unterfangens.

Also: Kommunizieren Sie den Sinn des Unternehmens und der Arbeit der Menschen. Das ist Führung. Das ist Chefsache. Das können Sie nicht delegieren. Vorteil für den Chef UND das Unternehmen: Erfolgserlebnisse, verantwortungsvolle, kreative, innovative, verlässliche, loyale Mitarbeiter und weitaus weniger Stress. Somit können sich alle Beteiligten dann auch ein Privatleben leisten und ruhig(er) schlafen.

> *Praxistipp:*
> *Alles was nicht wichtig UND dringend ist wird unter die Wichtigkeit und Dringlichkeit der vorgenannten Gespräche gesetzt. Die Transaktionsgeschwindigkeit und –qualität leidet, wenn die vorgelagerte Kommunikation nur unzureichend intensiv ist.*
>
> *Deshalb empfehle ich: Setzen Sie Ihre Prioritäten ganz klar und – genauso wichtig – kommunizieren Sie diese Prioritäten auch.*

Übrigens: Ich diskutiere nicht mit Menschen, die aufgeregt, wütend, erbost, beleidigt oder irgendwie emotional gerade nicht geordnet erscheinen. In dem Fall gehe ich auf die emotionale Ebene und versuche herauszufinden, was sie gerade so wütend macht, um sich anschließend in Ruhe wieder förderlich zu unterhalten. Dazu bedarf es der Ansprache von Verstand und Unterbewusstsein beispielsweise durch Takten...meiner...Botschaft.

Dazu empfehle ich die Rhetorik-Tipps von Matthias Pöhm, die sich in der Praxis wahrlich bewährt haben. (www.poehm.com/)

Firmenkultur

Ein weiteres Thema, zu dem bereits viel geforscht und geschrieben wurde ist die Unternehmenskultur.

Auch hier zeigt die Praxis immer noch zu oft, dass Transformation und Transaktion nicht einhergehen und dass wider besseres Wissen diese allseits bekannten Erkenntnisse viel zu selten oder inkonsequent genutzt werden.

Kultur entwickelt sich mit der Zeit und ist abhängig von der Firmengröße und der Verhaltenswelt der Chefetage. Die Bosch AG lebt eine vollkommen andere Firmenkultur als ein mittelständisches, hierarchisches Familienunternehmen, wie z.B. Trigema.

Firmenkultur findet nicht nur im Chefbüro statt, doch von dort aus wird sie gestartet, sodass die gesamte Belegschaft sie leben kann. Die Unternehmensleitung hat ebenfalls den größten Einfluss, wenn es um deren Veränderung, Vorleben und Transformation geht.

Hier einige Anmerkungen, Fragen und Tipps zu diesem Thema:

Wo ist das Chefbüro und wie protzig wirkt es? Hat die „Chefetage" eventuell gar einen eigenen Aufzug? Es heißt es doch immer: „Herr Kollege, Sie möchten bitte um 14 Uhr hoch zum Chef kommen." Richtig? Oder haben Sie schon mal den Satz gehört, dass der Kollege „mal RUNTER" zum Chef kommen soll? Predigen Sie Wasser, trinken jedoch selbst Wein?

Denken Sie einfach mal drüber nach, ob das Arbeitsumfeld der Führungskräfte gut und richtig bei den Menschen ankommt. Junge Leistungsträger hält und gewinnt man nicht mehr mit einem Nashornschädel an der Rückwand des Chefbüros oder hinter einem beeindruckenden großen Mahagoni-Schreibtisch auf einem Podest, so dass der „Gast" aufschauen muss, um Ihnen in die Augen schauen zu können. Ok, vielleicht ein wenig übertrieben...Hauptsache einprägsam.

Future Work, das Halten von Schlüsselpersonal und Gewinnen von neuen oder zukünftigen Leistungsträgern geht heute anders. Der „War for talents" ist heute in einer völlig neuen Weise zu führen, als noch vor zehn Jahren. . Die Generation „Z" hat ein deutlich anderes Wertesystem, als die Generation „Y", um die wir uns doch schon so sehr bemüht haben. Tja, an dem Thema „New Work" kommt heute niemand mehr vorbei. Dazu später mehr.

Zur Firmenkultur gehört aber nicht nur Kommunikation auf Augenhöhe, sondern auch eine innovationsförderliche Fehler- und Kommunikationskultur.

Wie geht das Unternehmen mit Fehlern, Pannen und Problemen sowie den daraus resultierenden Konsequenzen um?

Wer Fehler um jeden Preis vermeiden will, unterdrückt Innovation und Verantwortung. Perfektion ist zwar im Hinblick auf die Qualität von Produkten und Dienstleistungen erstrebenswert, Perfektionismus in prozessualen Abläufen und einzelnen Entscheidungen, die vom Team aufgefangen werden können, blockiert ein Unternehmen allerdings und verlangsamt wichtige Entwicklungen. Wer Angst vor Fehlentscheidungen und Problemen hat, traut sich nicht, Risiken einzugehen und neue Wege einzuschlagen.

Wenn Unternehmen ihre Kundenbeziehungen, ihre Dienstleistungen und ihre Produkte verbessern, ihre Geschäftsmodelle zukunftsfähig aufstellen oder ihre Wertschöpfung optimieren wollen, passieren Rückschläge und Fehlentscheidungen. Wenn Ihr Team Angst vor Fehlern hat, gehen zu viele innovative Ansätze verloren. Jeder Manager will doch im Grunde eigenständige, smarte, mutige Leute um sich haben. Diese Menschen sollen ja gerade viele Entscheidungen treffen und Verantwortung übernehmen. Dann muss es unbedingt erlaubt sein, auch mal einen Fehler machen zu dürfen – nur bitte nicht zweimal den gleichen Fehler. Auch die Kommunikation der Fehlertoleranz ist eine Moderations- und Kommunikationsaufgabe der Unternehmensführung.

Meinung und Stimmung

Bei jedem neuen Mandat stelle ich mir immer wieder die Frage:

Wie läuft in diesem Unternehmen die Meinungsgestaltung ab? Wie und von wem wird hier Meinung „gemacht"? An welchen Orten findet ein erheblicher Teil der Unternehmenskultur und die Meinungsbildung statt? Wenn ich die Antworten darauf habe, weiß ich, beim wem und wo ich ansetzen kann, um die Herzen der Menschen zu erreichen und ihre Gedankenwelt und ihr Meinungsbild positiv bewegen zu können.

Zunächst zu den Lokationen. Ich stelle immer wieder fest, dass es stets die gleichen Orte, wie Kantinen, Kaffeeküchen, Pausenräume. Rückzugsräume, Meetingräume sind, in denen man ungezwungen mal ein Problem oder andere Themen besprechen kann. Hier wird diskutiert, Meinungen ausgetauscht, gestritten und über andere (auch die Führungskräfte) hergezogen.

Deshalb plädiere ich immer, wie bereits in diesem Buch erwähnt, diese Räumlichkeiten als Netzwerk-Orte nicht aus Kostengründen abzuschaffen sondern sie stattdessen zu nutzen und aufzuhübschen. Das bedeutet nicht, dass Sie Wohlfühltempel mit viel Schnickschnack projektieren müssen, sondern einfach mit wenig Aufwand diese Räumlichkeiten angenehmer gestalten. Ein bisschen Farbe, ein paar neue Tapeten, ein paar Pflanzen oder auch bunte Kunststoffblumen wirken Wunder. Die Mitarbeiter haben in der Regel sogar Spaß daran, einen Teil der Gestaltung selbst in die Hand zu nehmen.

Meinung und Kulturwandel entstehen u.a. in positiver Atmosphäre Die Umgebung spielt dabei auch eine große Rolle. Ich versichere Ihnen, dass gerade in Unternehmen, deren Belegschaft bereits über längere Zeit stark verunsichert ist, die optische Aufwertung dieser Austauschorte etwas in den Köpfen der Menschen zum Positiven anstößt. Wenn in alten, dunklen Umkleideräumen die lindgrüne Wand hellblau oder gar cremeweiß gestrichen wird, die Kaffeeküche eine neue Kaffeemaschine – und sei es aus dem Angebot des Discounters - erhält, die alten Pausenraumstühle ausgetauscht werden (es gibt sehr gute günstige, gebrauchte Möbel, die nicht altbacken aussehen müssen) usw., dann habe Sie, je nach Größe des Raumes, schon mit wenigen hundert Euro viel Veränderung geschaffen. Das ist eine gute Grundlage für Veränderungen im Kopf.

Optische Veränderungen sind sofort sichtbar. Wie oft haben Sie den Satz bereits gehört oder gar ausgesprochen: „Das glaube ich erst, wenn ich es sehe!" Worte kann man nicht mit Farbe anmalen – aber eine optische Veränderung der Umgebung ist untrüglich, offensichtlich und nicht zu übersehen. Solche kleinen Veränderungen sind immer die ersten Aktionen, die ich bei Änderungsprozessen anstoße - und dies hat sich auch IMMER gelohnt.

Die Beschleunigung der positiven, mentalen Aspekte in der Belegschaft, die sich aufgrund der Impulse durch die Neugestaltung des Umfeldes ergeben, kompensieren die geringen Kosten sehr schnell um ein Mehrfaches. Versuchen Sie doch mal eine einfache Umgestaltung der Sozialräume, egal, ob Ihr Unternehmen gerade in einer Krise steckt, oder auch nicht. Die Reaktion der Belegschaft wird Sie positiv überraschen.

Wertschätzung im Großen, wie im Kleinen

Jede Belegschaft goutiert auch kleinere monetäre Aufmerksamkeiten.

Mit Sachleistungen können Sie spürbare Vorteile für das Unternehmen UND die Mitarbeiter erwirken. Aktuell (Stand 2022) können vom Arbeitgeber bis zu 600 Euro im Jahr zusätzlich zum Gehalt gewährt werden und zwar komplett steuer- und abgabenfrei. Es fallen keine Lohnnebenkosten und Anteile für Sozialversicherungen an. Der

Aufwand dieser monetären Aufmerksamkeit ist gering, der Effekt groß. Einfacher lässt sich das Netto-Einkommen der Belegschaft nicht steigern.

Vergessen Sie nicht diese und andere möglichen betrieblichen Zusatzleistungen.

Zusammen sind diese finanziellen Anreize echte Mitarbeiter-Benefits. Sie machen das Unternehmen attraktiver und wirken als Alleinstellungsmerkmal und Wettbewerbsvorteil, wenn es sich die Firma wieder leisten kann.

Werden diese relativ günstigen Instrumente genutzt, nimmt die Belegschaft sie gerne als aufmerksam und wertschätzend wahr und genau das soll ja auch Sinn und Zweck der Sache sein. Nutzen Sie unbedingt dieses Potential, um die Mitarbeiter zu motivieren, genauso wie auch die bereits beschriebene, angenehme Gestaltung der Arbeits- und Sozialbereiche.

Ich wundere mich immer wieder, wie viele Unternehmen diese Möglichkeiten nicht nutzen. Ich verwende diese Maßnahmen gern proaktiv als ersten positiven Beitrag gegenüber dem Betriebsrat, wenn die akute Krise überwunden ist und danach wieder Stimmen laut werden nach Ausgleich von Gehaltsverlusten und/oder Erhöhung der Entgelte auf das Vorkrisenniveau.

Denken Sie bitte unbedingt perspektivisch auch über das Thema Mitarbeiter-Erfolgsbeteiligung in guten Zeiten nach. Gerade in Zeiten des Mangels an Fachkräften bewerte ich das als einen wichtigen Aspekt zur Mitarbeiterbindung.

Wertschätzung beweisen auch kleine Überraschungen, beispielsweise:

- Nicht umsonst heißt es "leibliches Wohl" - also geben Sie doch als Führungskraft unangemeldet einen Kuchen oder Imbiss aus.

- Geburtstage: Alle Menschen auf dieser Welt freuen sich über eine Gratulation und eine kleine Aufmerksamkeit zum Geburtstag. Das hat positive, ja fast therapeutische Wirkung.

- Lob: Nehmen Sie sich die Zeit für ein Lob. Gerade in anstrengenden Zeiten geht die Wertschätzung der Mitarbeiter oft unter. Über ein zeitnahes Lob nach einer guten Leistung in Verbindung mit einer kleinen Aufmerksamkeit (eine Tasse Kaffee kann durchaus schon ausreichen) freut sich doch jeder. Das bringt richtig viel Energie, gute Laune und Motivation.

Und gerade Energie, gute Laune und Motivation brauchen wir doch so sehr – nicht nur in schwierigen Zeiten, oder?

Begrifflichkeiten

Ein Ärgernis aus den Jahrzehnten meines Engagements muss ich noch loswerden. Oft wurden von der 1. und 2. Führungsebene die Begriffe Vision, Ziel, Zielzustand, Strategie, Taktik, Planung und Umsetzung durcheinandergewirbelt und nicht umfänglich verstanden. Hier kann ich nur dringend empfehlen, diese Begriffe sauber zu trennen, sich unmissverständlich bewusst zu machen, was sie bedeuten und sie erst dann mit Inhalt zu füllen. Gleiches gilt für die Begriffe Transformation und Transaktion. Klarheit bei diesen Begrifflichkeiten verhindert Missverständnisse und spart unfassbar viel Zeit und Energie.

Aus meiner Erfahrung wird insbesondere mit dem Begriff der Strategie am unschärfsten umgegangen.

Wikipedia beschreibt den Begriff so: *Unternehmensstrategie (englisch: corporate strategy) ist der* ***grundsätzliche und langfristige Plan eines Unternehmens, in dem die Vision bzw. Ziele des Unternehmens festgelegt sind****. Die Unternehmensstrategie benennt Mittel und Wege zur Erreichung des Ziels.*

Um operative Strategiemöglichkeiten zu entwickeln und schließlich die beste Strategie festzulegen, bestimme ich zunächst das Ziel. Ein klares Ziel vor Augen zu haben ist unabdingbar. Hier ist nicht der Weg das Ziel sondern das Ziel ist das Ziel. Dann beschreiben Sie den Zielzustand möglichst genau.

Danach wird die Strategie erarbeitet, wie dieses Ziel und der angestrebte, definierte Zielzustand erreicht werden kann. Bestimmt wird die Strategie mit Hilfe von Fragen, wie beispielsweise:

- Welche Werkzeuge sind vorhanden?
- Welche Möglichkeiten/Potentiale/Stärken/Schwächen besitzen die Mittel und die Menschen, die ich einsetzen kann?

- Welche Kapazitäten stehen zur Verfügung?
- Welchen Zeitrahmen besitze ich?
- Welche finanziellen Möglichkeiten sind vorhanden?
- Welche Umstände muss ich berücksichtigen?
- Was kann eine Zielerreichung verhindern oder behindern?
- Auf was und wen muss ich besonders achten?
- Welche Markt- und Wettbewerbsbedingungen sind zu berücksichtigen?

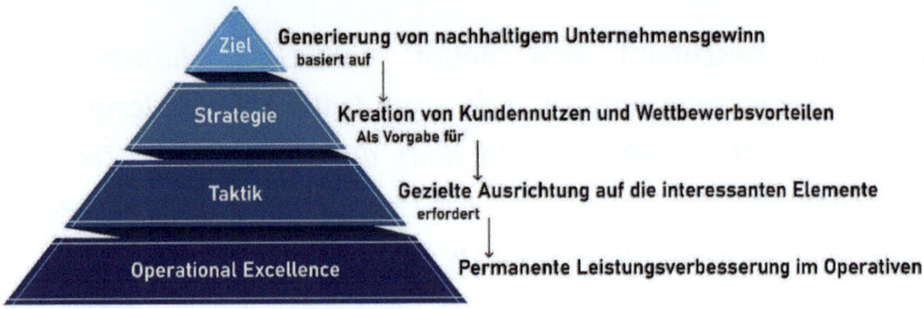

Abb. 2: Ein Unternehmen ist niemals „fertig" – es muss in Bezug auf Strategie, Taktik und Operational Excellence stets optimiert werden.

Bleiben Sie bei der Bedeutung der Begrifflichkeiten bitte absolut klar.

Entscheidungen

Tja, ein Dilemma gibt es auf jeden Fall - und das jeden Tag und garantiert: Entscheidungen müssen getroffen werden.

Ich betrachte akute Krisen wie Simultanschach unter Zeitdruck. Dabei tritt der Simultanspieler (der Chef) gleichzeitig gegen mehrere Mitspieler (Stakeholder) und gegen die Zeit an.

Die Menschen, deren Verhalten, die Unternehmenskultur, Abläufe, Prozesse, Vorgänge im Unternehmen sind allesamt überaus komplex. Diese Komponenten in einer Krise wieder auf den erfolgreichen, guten, nachhaltigen Weg zu bringen, ist eine spannende, faszinierende Herausforderung, die sich mit wachsender Komplexität und Erhöhung des Zeitdrucks exponentiell steigert.

Situationen mit mehreren Komponenten und Wahlmöglichkeiten erfordern ein gründliches Abwägen. Alles Eindeutige erfordert keinen großen Entscheidungsprozess, sondern wird sofort entschieden. Doch warum machen Pro und Kontra den Abstimmungsprozess oft zu einem gedanklichen Gewaltakt? Weil die wenigsten Argumente mathematisch-analytisch einzuordnen sind. Die betriebswirtschaftlichen Daten allein sind selten ausreichend, um eine Situation ganzheitlich mit all ihren Auswirkungen auf sämtlichen Ebenen (und damit meine ich explizit nicht nur Zahlen, Daten und Fakten) zu durchdringen..

Dennoch: Entscheidungen auch in unklaren Situationen zu treffen, gehört nun mal zur Führung.

Emotionen, persönliche Schwerpunkte und Vorstellungen erschweren die Gewichtung bei Entscheidungsprozessen. Insbesondere, wenn ein persönliches Gefühl nicht unbedingt die Lösung bevorzugt, die anderen gegenüber sachlich begründet werden kann.

Ob eine Entscheidung richtig ist, ist oft eine Frage des Standpunkts. Wie also schafft man es, schnell und zielsicher richtig zu entscheiden?

Hier eine kleine Anleitung, die mir immer dann hilft, wenn ich den Eindruck habe, mich nicht schnell genug entscheiden zu können oder wenn ich mir nicht ganz sicher bin:

1. Konkrete Fragestellung herausarbeiten

   Zuerst muss das Problem konkretisiert werden. „Wir müssen den Lagerbestand verringern" ist keine konkrete Vorgabe.

   Ich nutze immer die fünf W-Wörter: Wer, wie, was, wann und warum helfen dabei, das Problem zu definieren. *„Der Einkauf muss bis Ende März entscheiden, ob und in welchem Verhältnis er bei Lieferant A und/oder B das Kontingent verringert, damit der Lagerbestand für diese Warengruppe gemäß Bestandsanalyse um mindestens sechs Prozent reduziert werden kann."*

2. Für eine solide Entscheidungsgrundlage sorgen

   Um eine richtige Entscheidung zu treffen, benötige ich eine solide Grundlage: Dazu dienen Informationen, Analysen und eine kritische Betrachtungsweise. Welche negativen Konsequenzen ergeben sich? Für die richtige Entscheidung in kritischen, hoch wichtigen Fällen nutze ich gern Ratgeber aus meinem beruflichen Netzwerk oder Sparringspartner aus dem Führungskreis, die mir helfen, alle Auswirkungen kritisch zu beleuchten und richtig zu gewichten. Dabei weiß ich genau, wen ich fragen muss, um eine hilfreiche Antwort zu bekommen.

3. Konsequenzen bedenken

   Bei Entscheidungen bedenke ich immer die Konsequenzen. Hinterher ist man immer schlauer, jedoch bereue ich nie eine Entscheidung. Bei der Bewertung einer Entscheidung im Nachhinein ist es immer wichtig zu prüfen, welche Informationen der Entscheidung zugrunde lagen. Unbekannte Faktoren zum Zeitpunkt des Entschlusses machen eine richtige Entscheidung nicht nachträglich falsch.

Im beruflichen Kontext sind Entscheidungen, die Sie treffen müssen, oft komplex. Ein Bauchgefühl kann hilfreich sein, reicht jedoch selten aus. Stattdessen sind Wissen und der richtige Umgang mit Daten gefragt.

Dazu ein simples Beispiel: Eine Dating-Plattform wirbt mit dem Slogan: „Alle 11 Sekunden verliebt sich ein Single!" Das klingt zunächst supergut und hochinteressant. Das relativiert sich jedoch, wenn Sie berücksichtigen, dass die Plattform mehr als eine Millionen Nutzer hat und statistisch gesehen die Chance des Verliebens bei 5% p.a. liegt. Das bedeutet mathematisch, dass ein Kunde für eine Fifty-Fifty-Chance die Plattform im Durchschnitt ca. 10 Jahre nutzen muss, um sich zu verlieben. Das klingt jetzt nicht mehr so verlockend. Die Aussage, dass sich alle elf Sekunden jemand verliebt mag richtig sein, jedoch ist das Bild doch sehr verzerrt, weil wichtige Informationen nicht mit einbezogen/berücksichtigt werden.

Wenn ich für das Unternehmen Entscheidungen treffe, ist es ähnlich: Es gibt viele statistische Info-Puzzleteile, die Einfluss auf meine Einschätzung und meine Entscheidung haben. Ich benötige fundiertes Wissen sowie relevante Zahlen und Fakten. Schließlich ist das Risiko, welches bei allen Entscheidungen mitschwingt und das ich minimieren will, nichts anderes als die Wahrscheinlichkeit, dass etwas eintrifft oder nicht. Wahrscheinlichkeiten sind berechenbar und dürfen nicht nur geschätzt oder gewürfelt werden.

Eine weitere Frage rund um die Entscheidungsfindung stelle ich mir täglich: Was kann ich tun, um auch der zweiten und ggfs. dritten Führungsebene Entscheidungen zu erleichtern? Klare Regeln und Grenzen in Abläufen und bei Verantwortlichkeiten sowie verständliche Entscheidungsfreiheiten helfen ungemein, vermeiden Missverständnisse und entlasten Führungskräfte sehr.

Allerdings gibt es, wie beschrieben, insbesondere in Krisenzeiten nicht-rationale externe Faktoren. Gefühle, wie Angst, Sorgen oder Beklemmung sind auf allen Ebenen, in allen Bereichen, in allen Abteilungen zu beobachten. Die Folgen sind Fehlverhalten, Fehleinschätzungen, zögerliche und falsche oder schlechte Entscheidungen. Diese erzeugen gerade bei Führungskräften wiederum Ängste, weil ihnen unrichtige Entscheidungen zu einem späteren Zeitpunkt ggfs. zum Vorwurf gemacht werden. Wenn das gesamte Führungsteam also bessere Grundlagen für eine Entscheidungsfindung hat, können sie auch schneller bessere

Entscheidungen treffen. Das hilft dem Unternehmen – und entlastet letztlich auch die Geschäftsführung.

Zufriedene Kunden als Schlüssel zum Erfolg

Vergessen Sie bitte bei all Ihren Bemühungen nie die Kunden. Sie bestimmen bei jeder Sanierung, ob selbige erfolgreich wird oder nicht. Wenn Ihre Kunden happy sind, dann ist es Ihr Team auch.

Unzufriedene Kunden entstehen fast immer durch simple und vermeidbare Probleme. Deren Lösung optimiert die Kundenzufriedenheit ohne großen Aufwand.

Zur Lösungsfindung gibt es vier Schlüsselpunkte:

1. Zuhören
   Es klingt so einfach, wie es ist: Die meisten unangenehmen Diskurse mit Kunden entstehen durch mangelnde Aufmerksamkeit. Der Auftraggeber ist umso glücklicher, je besser er meint, gehört und verstanden zu werden.

2. Erreichbar sein
   Sie müssen nicht rund um die Uhr erreichbar sein, aber es muss einfach für den Kunden sein, schnell Kontakt zu einer kompetenten Person aufzunehmen, am besten über unterschiedliche Kanäle.

3. Freundlichkeit und Respekt

   Behandeln Sie alle Kunden freundlich und respektvoll, auch wenn Sie in Rage sind. Schlechter Service ist das Einzige, was Sie sich wirklich gar nicht leisten dürfen. Oder positiv formuliert: Guter Service mit schneller, kompetenter Reaktion sichert den nächsten Folgeauftrag.

4. Der Kunde ist immer König
   Wenn etwas schiefläuft, ist der Kunde nie schuld. Nie. Treffen Sie Ihre Entscheidungen so, dass der Kunde immer zufrieden ist. Dann sind die involvierten Mitarbeiter ebenfalls happy. (Die seltenen, bewusst böswilligen Kunden lasse ich hier unbeachtet.)

Dabei denke ich nicht nur an die großen Reklamationen und Nacharbeiten, also die großen, sichtbaren Feuer sondern auch daran, die kleinen Schwelbrände zu löschen. Diese fressen unheimlich viel Energie und verderben die so wichtige Stimmung.

Interessant ist, was Richard Branson dazu sagt: „Clients do not come first. Employees come first. If you take care of your employees, they will take care of the clients." Ich persönlich sehe diese Aussage nicht als absolut an. Jedoch ist es offensichtlich, dass ein Mitarbeiter, der sich vollends wohlfühlt und hochmotiviert ist, definitiv besser zur Generierung von Kundenzufriedenheit geeignet ist, als ein Miesepeter.

Fazit: Motivierte, glückliche Mitarbeiter machen Kunden glücklich(er).

Wenn Du ein Schiff bauen willst, dann trommle nicht Männer zusammen um Holz zu beschaffen, Aufgaben zu vergeben und die Arbeit einzuteilen, sondern lehre die Männer die Sehnsucht nach dem weiten, endlosen Meer.

Antoine de Saint-Exupéry

SCHLUSSWORT

Die Viermastbark befindet sich in einem schweren Sturm, zwei Masten sind bereits gebrochen, mehrere Segel zerrissen, das Schiff treibt in Richtung eines Riffs, hat mehrere Lecks und hat zudem an einigen Stellen Feuer gefangen, die Besatzung hat Angst.

Ihr Auftrag: Übernehmen Sie das Kommando, retten Sie das Schiff und bringen Sie es wieder auf Kurs.

Nach kurzem Aufnehmen der Struktur, Beobachten, wie sich das Schiff bewegt und verhält, Überprüfung der Wetter- und Umgebungsbedingungen geben Sie die ersten Kommandos. Nach kurzer Unterredung mit einigen Schlüsselpersonen werden Schritt für Schritt die dringlichsten UND wichtigsten Bedrohungen angegangen. Die ersten Erfolgsmeldungen machen die Runde, die Besatzung gewinnt wieder Vertrauen und Zuversicht...

Das Verständnis für die Gedankenwelt der Belegschaft sowie das Verständnis für die Kompliziertheit und die Komplexität eines Maschinen- und Anlagenbauunternehmens ist Voraussetzung, die schlechte Erfolgsquote bei Change-Prozessen zu verbessern, um diesen „Großsegler" sicher durch jeden Orkan zu führen.

Fazit: KPI´s, Zahlen, Daten, Fakten – alles wichtig. Die wichtigste Komponente jedoch ist - ich komme immer wieder darauf zurück: der Mensch! Motivation durch kluge und ehrliche Kommunikation à la „Motipulation" im positiven Sinne!!! Mitreißen, aufmuntern, Mut machen, wertschätzen. Die Zeit, in der die Peitsche die Menschen antrieb, ist vorbei!

Emotionale Führung besitzt enorm viel Macht!!!

Lassen Sie mich abschließend einen Appell an Sie zurufen als weitere hilfreiche Voraussetzung Ihrer Selbst: Vergessen Sie im Meistern aller Krisen niemals Ihre Leidenschaft und Ihr Lächeln!

Nehmen Sie die Herausforderung an und Ihr Herz in die Hand. Machen Sie die Raupe nicht „nur" schöner, schneller, bunter, größer, sondern verwandeln Sie sie in einen Schmetterling unter Nutzung der Chancen, die jede Krise bietet.

Freuen Sie sich auf diesen absolut wunderbaren Moment, in dem viele Augenpaare auf Sie gerichtet sind und diese zu leuchten beginnen, wenn Sie verkünden:

> **„Die Krise ist überwunden, Sie alle haben das möglich gemacht – und die Krisen, die vor uns liegen sowie die Projekte, die noch nicht beendet sind, werden wir alle zusammen erfolgreich abarbeiten. Freuen wir uns gemeinsam darauf!"**

Der Segler ist wieder auf Kurs. Die See hat sich beruhigt. Stürme nehmen Sie und Ihre Mannschaft mit Routine und mit Leichtigkeit. Das Schiff ist gut in Schuss und auf dem Weg in neue Abenteuer.

Ich wünsche Ihnen einen hohen Wirkungsgrad, eine glückliche Hand beim Führen des Großseglers mit seiner Besatzung durch jedes Wetter, aus jeder Krise - und immer eine Handbreit Wasser unterm Kiel.

Ahoi!

Herzlichst, Gert E. Löhmer

„Der gute Manager braucht einen heißen Kopf und ein weiches Herz."

Jack Welch, ehem. CEO von General Electric

EPILOG: ZEITENWENDE – AUCH DER WANDEL WANDELT SICH

Die VUCA-Welt ist ja wirklich nichts Neues, allerdings hat sich die Dynamik der Prozesse, die dahinterstecken merklich gesteigert.

Genauso, wie die (Geschäfts-)Welt sich verändert, so sind auch Veränderungen im Führungsverhalten gefordert. Und insbesondere in der sich stetig verändernden Welt sind neue Führungsarten und immer wieder neue Reaktionen auf die neuen Gegebenheiten erforderlich, um der Belegschaft Orientierung, Perspektive und Motivation zu geben.

Führung muss heutzutage mit schnelleren Veränderungen (Volatility), größerer Unsicherheit (Uncertainity), höherer Komplexität (Complexity) und Mehrdeutigkeit (Ambiguity) fertig werden. Aufgaben, Arbeitsmethoden, Prozesse verändern sich immer schneller und damit auch Anforderungsprofile von Mitarbeitern oft in recht kurzer Zeit. Arbeits- und Aufgabenverteilungen sowie Verantwortlichkeiten müssen öfter reorganisiert und angepasst werden. IT-Instrumente unterliegen ebenfalls ständiger Anpassung.

Das setzt voraus, dass Mensch und Maschine permanent lernen und sich weiterentwickeln.

Auch der Wandel ist nicht mehr der, der er mal war...

Führungsstile im Wandel der Zeiten

Sicher ist, dass Führung in den letzten 20 Jahren in einer VUCA-Welt herausfordernder geworden ist und gerade jetzt noch anstrengender geworden ist

Nun ist auch Führung mit Mitarbeitern im Homeoffice gefragt u.a. mittels MS Teams, Zoom etc., Videotelefonaten mit Whiteboard/ Flip Charts im Hintergrund für Notizen und Entscheidungen. Es erfolgt Online-Austausch von großen Daten und Dokumenten, an denen an verschiedenen Orten oder gar Ländern gleichzeitig von mehreren Mitarbeitern gearbeitet wird. Diese Innovationen sind eine Riesenchance für jedes Unternehmen und zugleich funktionieren die bisher üblichen Führungsstile nicht mehr.

Der ehemals so gefragte situative Führungsstil ist in diesem Unternehmensumfeld der sichere Weg in ein schlechtes Führungsklima. Ein ehemals positiv etabliertes Führungsverhalten, dass zwischen kooperativ, autoritär und väterlich wechselt, verursacht heutzutage Unsicherheit und Vertrauensverlust. Unberechenbare Führungskräfte „produzieren" in Change-Prozessen gestresste Mitarbeiter.

Denn wenn die Welt unsicherer, komplexer und widersprüchlicher wird, dann wird Vertrauen umso wichtiger. Vertrauen ist komplexitätsreduzierend.

Mein Rat: Begegnen Sie Ihren Mitarbeitern mit Respekt und Wertschätzung. Wenn Ihre Mitarbeiter das Gefühl haben, dass sie als individuelle Person und als Leistungserbringer gesehen und geschätzt werden, wächst Vertrauen. Ein Vertrauen, das in zwei Richtungen wirkt. Zum einen als Selbstvertrauen und zum anderen als Vertrauen in die Führungskraft, das in Krisenzeiten besonders wertvoll ist. Ich bewerte das persönliche Gespräch und die Nahbarkeit - gerade seit der stärkeren Etablierung von Homeoffice, Work-From-Home und Remote Work - als immer wichtiger.

Sprechen Sie oft mit den Menschen in „Ihrer" Firma und sei es nur für wenige Minuten. (Ich meine hier nicht die geplanten, regelmäßigen MA-Gespräche, sondern ungezwungene Zusammenkünfte). Fragen Sie die Leute, was das Unternehmen besser machen kann. Fragen Sie nach ihren Stärken und Präferenzen. Geben Sie Feedback und sprechen Sie aus, wie wertvoll sie für das Unternehmen sind. Loben Sie die Menschen, wenn sie etwas gut gemacht haben – natürlich sollten Sie nicht übertreiben, aber auch nicht geizen. Im persönlichen Gespräch können Sie auch individuelle Stärken erkennen, nutzen und ausbauen, die Sie aus dem Bürosessel oder aus Meeting-Räumen heraus alleine nicht erkennen können.

Insgesamt hat sich für Unternehmen das Umfeld radikal gewandelt und herkömmliche Führungsmethoden stoßen – spätestens bei der Generation „Z" an ihre Grenzen.

Fazit: Kümmern Sie sich um Ihre Belegschaft. Gute Mitarbeiter haben es heute sehr einfach, einen neuen Job zu finden zu besseren Konditionen und mit kürzerem Anfahrtsweg/-zeit von Zuhause. Zeigen Sie Ihren Experten und Fachkräften Perspektiven in Entwicklung und Weiterbildung. Neue gute Lieferanten zu finden ist schon schwer – Fachkräfte und deren Erfahrung und Wissen noch viel schwieriger.

Fulfillment: Neue Herausforderungen in und nach der Zeitenwende

Manche Herausforderung konnte bisher soweit und oft gelöst werden, wie z.B.:

Ein umworbener potentieller Kunde schreibt in seinem Lastenheft oder seiner technischen Spezifikation besondere Komponenten eines bestimmten Herstellers vor. Alternativen werden kundenseitig nicht akzeptiert. Das ist verständlich, wenn der Kunde bereits mehrere Maschine und Anlagen betreibt mit gleichen Komponenten. Dann möchte er seine Service-und Lagerhaltung nicht durch neue Produkte verkomplizieren.

Wenn nun der mittelständische Maschinenbauer nicht A-Kunde des großen Herstellers/Lieferanten ist und diese Komponenten nicht zeitgerecht erhält, dann können Anlagen nicht weiter montiert werden. Der Kunde jedoch pocht weiterhin auf seinen vertraglich zugesicherten Zeitplan, seien es Abnahmen oder Lieferzeitpunkte. Dann bleibt noch, andere Unternehmen zu fragen oder gar den

Kunden selbst um Hilfe zu bitten. Das konnte bisher soweit oft gelöst werden.

Nun ist das anders. Wichtige Bauteile sind nicht verfügbar oder haben lange Lieferzeiten. Die Gründe sind uns allen bekannt. Die Corona-Pandemie, Lockdown-Policy in China, ein Stau im Suez-Kanal, eine kriegerische Auseinandersetzung oder der Taiwan-Konflikt, Auswirkungen des Klimawandels (Überschwemmungen und Dürren) sind nur wenige Beispiele für das plötzliche Wachsen neuer Herausforderungen in der Supply-Chain, die es in dieser zeitgleichen Ausprägung schon lange nicht mehr so gab. Nicht nur die Frage „make or buy" wird uns in den nächsten Jahren Einiges abverlangen. Die Industrie wird sich dauerhaft in der Beschaffung, der Produktion und der Lagerhaltung neu aufstellen (müssen). Wir werden Kooperationen eingehen, die Zusammenarbeit mit den Lieferanten intensivieren und Arbeitsweisen sehen, die wir uns bis vor wenigen Jahren nie haben vorstellen können.

An diese neue Welt können und müssen sich Firmen anpassen. Es ist eine Umgebung, in der Informationen keinerlei prognostische Aussagekraft mehr besitzen, weil Rahmenbedingungen sehr schnell wechseln, Interessenskoalitionen immer vielschichtiger werden sowie Motivlagen sich ständig verändern. Eine Art Deglobalisierung halte ich für nicht hilfreich, wohl aber intensive Gedanken über zukünftige (Un-)Abhängigkeiten, Make-Entscheidungen oder JV´s.

Bereits die Corona-Pandemie hat uns bewusst gemacht, dass die Globalisierung nicht nur gute Seiten hat. Langjährig entwickelte, fein abgestimmte, kosten- und preisoptimierte Lieferketten und Versorgungswege sind durch einen winzig kleinen Virus erschüttert worden. Die Anfälligkeit des feingewebten Netzes der weltweiten Logistik mit „Just in time"-Versorgung und exakt getakteten Abläufen zeigt sich durch nur wenige Tage versperrte Schiffsrouten, wie das Beispiel der EVER GIVEN mit einer Kapazität von über 20.000 Containern vom März 2021 im Suez-Kanal zeigt. Die „Null-Covid-Strategie" Chinas, die Megacities, Handelszentren und Häfen mit Weltgeltung, wie Shanghai wochenlang schließen, tausende Schiffe, die im Frühjahr 2022 bis in den Herbst hinein weltweit nicht gelöscht/ent- und beladen werden können ...

Weitere Verwerfungen durch den Ukrainekonflikt, Energieabhängigkeit, Klimawandel und Hungersnot mit neuen Flüchtlingsbewegungen, Inflation, Schwächung UND mittelfristig mögliche Ablösung des Petrodollars als Weltwährung, Nachhaltigkeitsbestrebungen (Lieferkettengesetz) und unterschiedliche oder gar gegensätzliche nationale und regionale Handelsinteressen werden die Welt deutlich verändern.

Die Beschaffung MUSS sich deshalb teilweise neu erfinden, viele Geschäftsmodelle werden innerhalb kurzer Zeit deutliche Veränderungen erfahren. Die Arbeit und die Priorisierung des Einkaufs wird sich nicht nur den Veränderungen anpassen müssen sondern sie muss der Entwicklung vorauseilen. Produzierende Unternehmen stellen sich nicht nur seit 2020 verstärkt die Frage nach Make or Buy oder Plan „B". Nicht jeder Mittelständler kann seine Fertigungstiefe „mal eben so" deutlich ausbauen. Hier ist Kreativität, Kommunikation und Aufmerksamkeit gefragt. Aus Lieferanten mit bestem Preis-Leistungsverhältnissen werden existentiell wichtige Netzwerkpartner als Teil eines interdependenten Organismus.

Dies wird die Zeit der Interessensverbände und Branchenverbände. Einkaufsgemeinschaften und Einkaufsgesellschaften werden ihr Geschäftsmodell deutlich vertiefen müssen – gerade für KMU.

Wichtige Rohstofflieferanten werden (Teil-)Kaufangebote erhalten und die großen Marktführer in den nachfolgenden Verarbeitungsbranchen den kleineren Organisationen das Wasser abgraben. Energie-, Rohstofflieferanten sowie Lieferanten/Hersteller „systemimmanenter" Produkte werden verstaatlicht.

Folge des Ganzen: Aus der militärischen Auseinandersetzung werden Handelskrieg zwischen Groß und Klein, zwischen Staaten und Staatengemeinschaften, die Armen werden noch ärmer und die Reichen werden mit aller Macht UND Einfluss ihren Wohlstand mit ALLEN Mitteln verteidigen wollen. Opfer auf der Jagd nach Rohstoffen und wichtigen Ressourcen werden wieder die armen Länder sein. Sie werden noch abhängiger von hegemonistischen aber auch selbsternannt demokratischen Staaten werden.

Ich hoffe, dass sich dies nicht bewahrheitet.

Was ist nun zu tun? Welche Möglichkeiten hat eine Unternehmensleitung, um sich für die „neue" Zukunft auszurichten? Auf jeden Fall wird es anstrengend, herausfordernd, jedoch auch hier gibt es hochinteressante Chancen. Diese Veränderungen wären eh irgendwann notwendig geworden; die aktuellen Krisen beschleunigen nun diese Entwicklung.

Als nächstes hinterfragen Sie Ihre Produkte und Ihr Geschäftsmodel. Werden die Maschinen und Anlagen auch in 5 oder 10 Jahren gebraucht und wenn ja, von wem? Wie wird sich deren Klientel entwickeln? Wie können Sie Ihre Kunden erfolgreicher machen?

Ist das Unternehmensziel noch passend? Sind auch zukünftig noch alle Kapazitäten, Werkzeuge, Wissensträger, Technologien, Kernkompetenzen etc. vorhanden oder ist bei stark veränderten Rahmenbedingungen die Strategie anzupassen oder gar abzuändern?

Neue Abstimmungen mit Lieferanten und Kunden ist das Gebot der Stunde. Beziehungen zu den Geschäftspartnern sind neu zu bewerten und auf- bzw. umzubauen.

Nutzen Sie die örtliche oder regionale IHK, um Kooperations- und Beschaffungspartner zu finden, mit denen Sie sich zusammentun können.

Treiben Sie die Verbände (wie z.B. VDMA) an, sich stärker an das operative Geschäft der Verbandsmitglieder anzunähern und sich stärker koordinativ zu engagieren. Netzwerken wird NOCH wichtiger, als je zuvor.

Hören Sie Ihren Lieferanten zu, wie sie deren Leben vereinfachen, unterstützen können und bedenken Sie die dabei zugleich von der EU angetriebene Nachhaltigkeitsgesetzgebung. Denken Sie die wichtigen Teilbereiche in der Beschaffung neu. Auch hier können Dienstleister-Experten von großer Hilfe sein.

Treten Sie bzw. Ihre Beschaffungsexperten mit Einkaufsverbänden in Kontakt, um diese zu motivieren sich neben der preislichen Produktgestaltung zudem auch strategischer auszurichten.

Sie präferieren ein Make statt ein Buy? Wie wäre es mit einem JV? Macht der Gedanke über eine Kooperation mit einem oder mehreren anderen Unternehmen Sinn, für die der Aufbau einer Produktion einzeln zu aufwendig ist? Ist eventuell ein Lieferant bereit, in der Region zu investieren, wenn ausreichend weitere Kundenlandschaft besteht?

Nutzen Sie KI (Künstliche Intelligenz), um Daten aus dem Betrieb Ihrer Maschinen zu analysieren, zu annotieren und Machine-Learning-Modelle zu erstellen.

Für Anlagenbauer ist spätestens **jetzt** die Zeit, über das Thema SERVITIZATION und Leasing- oder Mietkaufangebote für ihre Kundschaft nachzudenken.

Wenn ich 8 Stunden Zeit hätte, einen Baum zu fällen, würde ich 6 Stunden die Axt schleifen!

Abraham Lincoln